综合能源服务技术及应用丛书

居民智慧用能服务

关键技术与实践

国网江西省电力有限公司　组编

中国电力出版社
CHINA ELECTRIC POWER PRESS

内 容 提 要

本书以居民智慧用能服务实践为导向，以其典型业务应用场景为线索，介绍居民智慧用能服务的基础理论和关键技术，分享居民智慧用能服务相关实际工作的成果和经验，展望居民智慧用能服务的发展趋势和方向。

本书共 12 章，第 1 章总体概述居民智慧用能服务；第 2～4 章从居民智慧用能服务标本库出发，分别介绍标本库构建方法、用户标签体系建设及标签精准匹配相关技术；第 5～7 章介绍居民需求响应、能效管理和家庭电气化三大典型应用场景的关键技术；第 8、9 章分别从信息化通信和交互技术、居民智慧用能服务商业模式的角度阐述其支撑技术；第 10、11 章以江西省居民智慧用能服务示范工程为例，介绍居民智慧用能服务系统及示范建设；第 12 章以示范工程实际数据为基础，挖掘居民用能行为规律，为居民智慧用能服务提供启示与指导。

本书可供从事综合能源服务的人员、综合能源服务公司技术人员、系统服务商设计人员阅读，也可作为高校师生、科研机构工作者的技术参考书。

图书在版编目（CIP）数据

居民智慧用能服务关键技术与实践 / 国网江西省电力有限公司组编. —北京：中国电力出版社，2022.3
（综合能源服务技术及应用丛书）
ISBN 978-7-5198-5765-3

Ⅰ．①居… Ⅱ．①国… Ⅲ．①居民–供电–商业服务–研究 Ⅳ．①TM72

中国版本图书馆 CIP 数据核字（2021）第 130479 号

出版发行：中国电力出版社
地　　址：北京市东城区北京站西街 19 号（邮政编码 100005）
网　　址：http://www.cepp.sgcc.com.cn
责任编辑：崔素媛（010-63412392）
责任校对：黄　蓓　王海南
装帧设计：王红柳
责任印制：杨晓东

印　　刷：三河市航远印刷有限公司
版　　次：2022 年 3 月第一版
印　　次：2022 年 3 月北京第一次印刷
开　　本：710 毫米×1000 毫米　16 开本
印　　张：13.5
字　　数：255 千字
定　　价：68.00 元

编 委 会

序

居民智慧用能服务是一种面向家庭用户的、以数据赋能为核心的综合能源服务方式。在能源互联网背景下，随着用户生活水平的提高、电力市场开放力度的增大及能源互联网建设的持续推进，用户需求从单纯的"用能消费"向"能源+能效+互动"转变，获得感和满意度成为电力能源服务的重要指标。供电企业与用户的矛盾已从传统的供需容量不匹配，逐步转变为服务质量与用户美好生活用能诉求不匹配之间的矛盾。

居民智慧用能服务承载"为美好生活充电，为美丽中国赋能"的使命，体现在电力获得，满足人民需求，促进社会智慧用能、绿色用能，构建低碳舒适的新型生活模式，支撑资源节约型社会发展。

国外居民智慧用能服务方面已形成了一定的市场规模和成功模式，其中以OPower公司开展的业务最为典型。目前国内也已针对居民家庭开展综合能源服务和运营的相关应用试点，其中国网江西省电力有限公司积极展开了相关领域的探索和尝试，并于2019年开始在南昌、九江、鹰潭、宜春和萍乡等地区建成了国内规模最大的居民智慧用能服务示范工程，积累了丰富的经验。

本书作者以居民用户全方位、综合性的能源需求为导向，基于HPLC采集数据，融合营销系统档案数据，整合用户社会属性调查、经济行为、人口结构、消费习惯等多源数据，建立居民智慧用能服务共享平台和移动App，采用经济刺激、行为引导、社会责任、人文激励等方式吸引各群体居民用户参与智慧用能服务，构建电网、用户、厂商以及政府多主体参与的居民智慧用能服务生态，努力完善现代服务体系，不断优化电力营商环境，持续推进供电服务的信息化、交互化、个性化。此书用翔实的数据、丰富的案例，向广大读者和科研工作者展示了江西省开展居民智慧用能服务的成功案例，帮助工程技术人员从实践层面增加对居民智慧用能服务更深层次的理解和认识，因此这本书具有较高的工程参考价值和应用价值。

希望更多关心居民智慧用能服务业务发展的读者，以及有志于投身能源互联网事业发展的工程技术人员和学者，都能从此书中获益。同时，也希望此书对居民智慧用能服务及能源互联网的快速发展提供帮助。

是为序。

为贯彻落实习近平总书记提出的"四个革命、一个合作"能源发展新战略，深度融合能源革命与数字革命新技术，国家电网有限公司（以下简称"国家电网公司"）积极开展电力需求侧管理和能效管理，强化能源领域科技创新，推动电力发展方式转变和能源结构优化，提高发展质量和效率。能源电力领域在碳达峰、碳中和工作中担负着重要任务，做好能源消费"双控"，降低化石能源生产和消费比重，加快清洁能源发展，提高电力消费在能源消费中的比重成为必然趋势。同时，在能源互联网背景下，随着市场开放力度增大，未来配用电结构和功能形态将持续演变，能源互联网业务体系也将全面渗透设备、人、信息等要素。同时用户需求从单纯的"用能消费"向"能源+服务+主动参与互动"的模式转变，客户对服务的诉求逐步向数字化、智能化、多元化发展，获得感和满意度成为电力服务重要指标。随着清洁能源的占比不断提升，电动汽车的逐步普及，低压用户的负荷资源构成日益多元化，在需求侧可调节的负荷资源逐年增多，智慧用能需求日益迫切。

随着居民家庭生活水平的整体提升，再电气化进程的推进和终端电能消费占比的持续提升，居民客户用电负荷呈现高速增长的态势。"十三五"期间，三华地区电网 95%以上尖峰负荷年持续时间仅为 5～81 个小时，尖峰持续时间短，夏、冬季尖峰负荷主要由降温、采暖负荷引起。而居民降温、采暖负荷的逐年快速攀升，是造成电网负荷尖峰的主要原因。同时，具有民生保障性强、价格弹性低、需求多元化等特征的居民客户，对未来高质量供用能和客户体验提出了更高要求，居民智慧用能服务需求强烈。居民智慧用能服务发展的数字化、平台化、市场化趋势明显，业务价值逐步显现。通过构建居民智慧用能新业态和服务新体系，深度参与电网互动，为电网安全可靠、清洁高效运行及客户优质服务提升开辟了一条新路径。

2019 年以来，国网江西省电力有限公司联合能源互联网公司、高校开展了一系列居民智慧用能服务的研究，建立了居民智慧用能标本库、建成了居民智慧用能服务系统、综合能源服务商/负荷聚合商运营服务云平台，提出了居民智慧用能服务市场化运作模式及配套政策建议，为电网公司、居民用户、综合能源服务商、政府提供了经济、高效、节能的智慧用能整体解决方案及工具。本书以指导居民智慧用能服务实践为主线，介绍居民智慧用能服务的理论基础和技术支撑，归纳和总结已开展的相关工作、研究成果和经验，展望未来居民智慧用能服务的趋势和方向。

本书首先介绍了居民智慧用能服务的背景需求和概念内涵，结合国内外现阶段的发展状况，从安全用能、便捷用能、高效用能、供需互动和电力大数据应用五个维度提出居民智慧用能服务典型应用场景。其次，全面总结了居民智慧用能服务推进过程中用能行为分析、信息通信和交互、商业模式分析设计等方面的支撑技术。由于居民需求响应、能效管理和家庭电气化三大场景是居民智慧服务的典型应用场景，且其所应用的技术正处于日新月异的快速发展时期，具有宝贵的研究价值和实践参考意义，因此本书针对性地介绍了其功能需求和实现方式。同时，从江西省居民智慧用能服务示范工程的建设情况和实际数据出发，对居民用能行为进行深入挖掘和研究，以便读者系统性理解居民智慧用能服务的关键技术、商业模式和应用场景，推动居民智慧用能服务的全面展开。

希望本书的出版能对我国的居民智慧用能服务发展有所裨益，也希望更多的领导、学者以及业界同仁对本书的内容提出宝贵意见和建议。

限于编者水平，本书难免在内容取材和结构编排上有不妥之处，希望读者不吝赐教，提出宝贵的批评和建议，我们将不胜感激。

目录

第1章 • 居民智慧用能服务概述

随着电动汽车、光伏发电、大数据、人工智能、信息采集通信等技术的不断进步，能源互联网生态圈的逐渐完善，居民客户能源消费理念正发生变革，悄然改变着人们的生活方式及能源服务产业链的发展模式，用户对能源服务品质的要求越来越高，亟需在能源互联网建设浪潮下开创居民智慧用能服务新模式。本章将重点介绍居民智慧用能服务的背景、内涵与实现方式、技术与应用情况、典型业务场景。

1.1 背景和需求

近年来，随着经济社会的快速发展以及居民客户电气化水平的整体提升，居民用电负荷快速增长，电网供需平衡面临新的挑战，以季节性和区域性为特征的高峰供电紧张现象已经是普遍性问题。尤其在迎峰度夏、度冬期间，居民负荷对电网负荷变化影响显著，高峰期居民用电负荷占比超过 40%。"十四五"期间，在"双碳"目标和新型电力系统构建大背景下，以光伏、风电为代表的新能源快速发展，新增火电存在较大不确定性，电力系统"双峰""双侧随机"特征凸显，电网安全稳定运行面临严峻挑战。同时，台区重过载情况日益严重且受季节性影响显著。总体而言，当前居民智慧用能服务存在以下突出问题。

（1）居民客户负荷快速增长使电网峰谷差不断加大。电网峰谷差加大，带来电力供应不足、电网损耗增加、电力投资收益率降低、资产利用率降低等一系列问题。居民负荷迅速增长，进一步加剧了电网负荷峰谷差问题。针对电网高峰负荷升高导致的电力供应不足问题，一般是通过建设新电厂和配套电网来解决。但新建的电厂往往只在高峰负荷的短时间能充分运行，在平时和低谷时只能停机或低效运行，导致发电利用小时数不高、投资收益率较低。同时，配套电网的投资效益也不高、损耗也较大。为应对短时的电网高峰而新建的电厂和配套电网，运行效率和投资回报都较低、经济性差。

（2）台区重过载和清洁能源消纳问题突出。一方面，配电台区内负荷类型单一，缺乏负荷聚合效应及互补特性，导致台区季节性、时段性重过载问题突出。另一方面，近年来分布式能源激增，因配电网消纳能力不足引起的潮流反送带来电能质量、用电安全和客户投诉等问题。

（3）居民智慧用能服务缺乏全面准确的基础数据，缺乏符合我国国情的居民智慧用能服务标本库。我国居民客户具有数量大、容量小、分布广、随机性强等特点，目前尚无针对居民客户用能特点的深入调研及分析，为居民智慧用能服务的开展带来困难。若要精准开展智慧用能服务，提升居民用能服务满意度，需要建立涵盖城乡居民客户生活习惯、家庭人员结构、智慧用能消费、公益参与度等多种差异化因素的居民智慧用能服务标本库，并分析居民客户用能方式和特征，为智慧用能服务的规模化应用提供数据支撑。

（4）面向大规模居民智慧用能服务的关键技术、商业模式尚不成熟，围绕居民智慧用能的生态体系亟须建立。能源服务商开展大规模居民智慧用能服务需要依托技术和业态创新，但是目前针对大规模居民的能源互联网的关键技术开发与推广比较困难，尚未形成成熟、可推广的商业模式。未来，通过居民客户智慧用能服务系统，将分散在千家万户的家用电器终端，连接到电力物联网中，实现电网与客户的友好互动，节约电网投资和运行成本，降低客户用能成本，助力家用电器厂商精准服务是智慧用能服务的方向与趋势。

国家已出台一系列政策大力推动需求响应、互联网+"智慧能源"新业态发展。早在 2004 年，国家发展改革委联合国家电监会便印发了《加强电力需求侧管理工作的指导意见》（发改能源〔2004〕939 号），全面开展电力需求侧管理工作。2010 年 11 月 4 日，国家发展改革委、财政部、工信部等六部委联合发布《电力需求侧管理办法》，指出"电力用户是电力需求侧管理的直接参与者，国家鼓励其实施电力需求侧管理技术和措施"，并于 2017 年修订，提出应持续推进科学用电，提高智能用电水平。2016 年 2 月 24 日，国家发展改革委、能源局、工信部印发《关于推进"互联网+"智慧能源发展的指导意见》（发改能源〔2016〕392 号），意见指出应"促进能源生产与消费融合，提升大众参与程度"，"加快推进能源消费智能化"。2016 年 12 月 26 日，国家发展改革委、国家能源局发布《能源发展"十三五"规划》（发改能源〔2016〕2744 号），指出要引导电力、天然气用户自主参与调峰、错峰，增强需求响应能力，同时提高电网与发电侧、需求侧交互响应能力。2017 年 9 月 20 日，国家发展改革委等六部委发布《关于深入推进供给侧结构性改革做好新形势下电力需求侧管理工作的通知》（发改运行规〔2017〕1690 号）指出，要通过信息和通信技术与用电技术的融合，推动用电技术进步、效率提升和组织变革，创新用电管理模式，培育电能服务新业态，提升电力需求侧管理智能化水平。2019 年，国家发展改革委、国家能源局印发《关于做好 2019 年能源迎峰度夏工作的通知》（发改运行〔2019〕1077 号）明确要求，提升需求侧调峰能力，充分发挥电能服务商、负荷集成商、售电公司等市场主体资源整合优势，引导和激励电力用户挖掘调峰资源，参与系统调峰，形成占年度最大用电负荷 3% 左右的需求响应能力。

国家电网公司结合自身经营发展和服务客户需要，高度重视智慧用能业务的开展。2017 年 10 月，国家电网公司发布《关于在各省公司开展综合能源服务业务的意见》，要求"各省公司抓住当前能源革命的有利时机，将综合能源服务作为主营业务"。2020 年初，国家电网公司下发文件要求各省公司构建占最大负荷 5% 的可调节负荷资源库，支撑公司源网荷储协同服务。国家电网公司印发 2020 年 1 号文件《国家电网有限公司关于全面深化改革奋力攻坚突破的意见》，提出：释放需求侧管理效益，改变以往仅通过供给侧满足电力供需平衡的传统方式，进一步推动需求侧协同满足电力供需平衡需要，提高系统整体效率。

面对个体负荷小但总体基数大、随机性强的居民客户，针对台区重过载、分布式能源消纳难、商业模式落地难等问题，国家电网公司联合国内外相关科研机构、高校、产业公司、互联网公司等多方资源共同探索"大规模邀约+精准调控+业态创新"新模式，建设面向千万居民客户智慧用能服务示范工程，契合了当前国家能源发展转型战略，满足了居民智慧用能服务新业态发展重大需求。

1.2 内涵与实现方式

随着经济社会发展进入新阶段，能源互联网战略推进为居民智慧用能服务打开了无限想象空间。国家电网公司全力打造"中国特色国际领先的能源互联网企业"，拥有广泛的客户基础、社会信誉，尤其是多年来的持续投入，已拥有完善的信息采集、通信等基础设施，奠定了电网公司开展居民智慧用能服务的基础条件。电网公司应立足企业发展，充分发挥资源优势，借鉴国内外成功经验，探索具有中国特色的居民智慧用能服务模式，并利用电网的纽带作用连接居民客户与第三方服务资源，早日建成居民智慧用能服务生态圈。智慧用能服务生态圈将满足居民客户追求高品质能源服务的需求，在解决配电网重过载、清洁能源消纳问题的同时，助力居民客户能源消费经济、高效、低碳，增强客户体验和满意度。

在业务定位方面，针对居民客户的传统能源服务主要是以产品为中心的服务模式，围绕产品营销活动开展。未来，智慧能源服务应向以能源服务为载体、以客户为中心的服务模式转变。对居民客户群体进行需求细分，开展差异化的商业模式、产品套餐和营销策略设计，为客户提供家庭用能管理、住宅智能全电化、居民需求响应、分布式电力共享交易、绿证自愿认购、家庭能源维修保养、能源－电信套餐、家庭看护预警、精准广告投递等服务。

在产品定位方面，居民智慧用能服务应以客户需求为导向，以价值创造为核心，以电网公司现有的采集、通信等设施及营销系统数据为基础，搭建居民智慧用能服务共享平台及终端用户App，采用互联网思维的轻资产运营模式为各参与者提供软服务；智能家居设备、分布式光伏、储能、家庭网关等重资产产品由其他参与主体提供，采用合理的商业模式保持生态健康、持续运作。

在生态圈构建方面，依托居民智慧用能服务云平台及"网上国网""电 e 宝"等用户 App，联合智能家居厂商、通信公司、水务/热力/燃气/电网公司、商业用户及高校、科研机构，整合社会零散能源服务工作者等各相关资源，构建面向家庭用户的综合能源服务生态。

在交易结算方面，采用区块链技术实现海量用户智能合约快速签订、快速结算和快速响应效果评价。电网公司、家电厂商、能源互联网公司、终端用户、第三方机构及政府等各方可通过去中心化方式对全过程进行监管，实现参与过程的公开、公平、公正，各参与者可按照响应贡献获得经济收益。

在技术实现方面，居民智慧用能服务平台对接电网公司数据中台，融合营销用电信息数据、配电网自动化数据、客户服务数据等，准确及时掌握 10kV 线路、台区变压器运行状态；当接收到调度负荷缺口预测信息或监测到台区重过载信息时，利用大数据、人工智能、知识图谱技术快速形成优化策略，并将该策略下发给需求响应邀约系统及该线路下的配电变压器融合终端；配电变压器融合终端装置接到指令后，通过运行优化模型生成本地各种分布式能源、储能、电动汽车等灵活性资源的运行策略并下发执行；同时，需求响应邀约系统给该台区下的用户发送需求响应邀约，主动降低用电负荷。

通过开展居民客户需求响应业务，可以有效缓解电网高峰时段的调控压力，减少电网基础投资建设和运行管理费用，提高电网公司的经济效益。通过实行居民智慧用能服务新模式，综合能源公司可作为综合能源服务商/负荷聚合商为居民客户提供增值服务套餐，开拓综合能源服务市场，提升综合能源服务公司的营收能力。通过为居民客户提供差异化的智慧用能精准服务，可提高居民客户综合能源服务、需求响应的参与度、满意度，解决居民客户高品质服务需求，增强居民客户的黏性。通过对居民客户用电和耗能进行分析和评估，为用户提供科学合理的用能建议，促进居民科学用电、有序用电，提高能源利用效率，从居民客户能源消费环节支撑国家"碳达峰""碳中和"目标实现。

1.3 国 内 外 现 状

居民用能行为特征分析、负荷精准聚合与快速分解、需求响应激励机制是居民智慧用能服务典型应用的核心，本节将重点阐述这三种技术的国内外研究现状。

1.3.1 国内现状

1. 居民智慧用能服务关键支撑技术现状

在居民用能行为特征分析方面。赵阳[1]等借鉴社会学中的用户行为概念，建立了电力用户行为模型，进而从用户行为的主体、环境、手段、结果和效用五个方面进行深度剖析，并将该模型延伸至集群行为和预见行为；傅军[2]等根据电力行业的特点，提出一种面向用户行为的标签层次体系，康守亚[3]等提出了一种考虑峰谷分时电价策略的源荷协调多目标发电调度模型；赵会茹[4]等提出了一种阶梯电价下居民峰谷分时电价测算优化模型与方法。

在负荷精准聚合及快速分解方面。周磊[5]等针对参数相同或相近的空调负荷，以实际负荷值与目标负荷值之差最小为优化目标建立空调负荷的聚合模型，将空调负荷聚合为多个小组，并通过温度控制调整各聚合负荷组的出力；高赐威[6]等以可控负荷运行状态为决策变量，以最小化负荷实际出力偏差、最大化负荷聚合商利益为目标，考虑人体舒适度约束，建立负荷的聚合模型，将负荷分为多个容量相近的聚合组；潘樟惠[7]等提出了基于负荷聚合商的电动汽车聚合方法，考虑电动汽车行为特性的不确定性，将分散的电动汽车储能资源进行有效聚合，并参与需求侧竞价，由负荷聚合商对电动汽车聚合体的充放电状态进行控制，仿真表明电动汽车聚合能够达到削峰填谷的效果，且不会引起新的负荷高峰。

在需求响应激励机制方面，薛金花[8]等基于现阶段市场和政策环境，构建了面向电力需求响应、电储能调峰和跨省跨区新能源现货交易等互动套餐，从准入申请、交易模式、价格机制和计费结算等维度建立了互动机制，研究了不同互动套餐的风险；勾新月[9]等对国外售电套餐进行了分析，进而结合我国电力市场的特点，提出了符合国情的售电套餐，并将软集理论和聚类分析算法应用到售电套餐多目标优化求解中；云南电网责任有限公司推出的居民年套餐用电方案主要针对该省范围内完成"一户一表"改造并抄表到户且全年用电量在 4000kWh 及以上的用户，但是该套餐单一、适用性有限。

总体来说，当前国内外关于居民用能特征的分析具有局限性，不能精准反映用户在受到外部因素影响时的行为特点。现有的用户潜力研究侧重于用电量的削减、设备能效管理方面的节电措施，建立的居民需求响应资源聚合及分解技术未考虑居民需求响应的可靠性，更缺乏对需求响应激励策略的自学习动态优化研究。因此，亟须深入开展面向居民客户智慧用能服务的支撑技术研究，为居民参与智慧用能系统运行提供有力保障。

2. 居民智慧用能服务应用现状

国家电网公司发布《国家电网有限公司 2020 社会责任报告》，进一步指出："围绕为用户创造更多价值，不断创新供电服务，让用电更安全、更便捷、更放心、更和谐、更智能、更满意"，对居民智慧用能的服务范围、内容、方式和模式等提出了更高的要求。

中国电力科学研究院在需求响应领域开展了标准体系、仿真系统、终端和系统研发等工作，建立了国内首个需求响应仿真实验室，已经初步具备用户侧分布式电源并网、居民负荷集群调控等仿真试验功能。

国网江苏电力建成了金湖县黄庄智慧用能试点台区，通过安装能源控制器、随器计量家电等系列物联设备，实现居民负荷电器级的深度感知和精准调节，让居民用能与电网需求友好互动。同时，配合电网削峰填谷，还可调节农业排灌、鱼塘增氧机、充电桩、分布式光伏等具备间歇性特征设备的负荷，推动台区源网荷储协同运行，提升农村配电变压器利用效率和清洁能源消纳能力。

国网上海电力全力打造"智慧用电管理"，致力于构建"互联网+供电服务"新模式，推进用电实名登记，依托智慧用电，构建电力积分兑换和增值服务体系，推行预付费和电子账单，实现电费查询实时、购电充值随时、余额及时提醒等智慧用电管理功能。2019 年 12 月，上海首个智慧用电社区落户崇明堡镇，"智慧用电"系统可 24h 在线动态监测居民家中电气线路的温度、短路、过载等电气安全隐患参数，并不间断进行数据追踪与统计分析。该系统还接入居委会与第三方服务企业，同时为居民用电"保驾护航"。一旦发生安全隐患，系统会根据情况先行切断电源，同时向三方发送预警信息。

2020 年 9 月，国网武汉供电公司在沌口区域开展智慧用能社区建设，在居民客户侧建设具备双向响应互动能力的客户侧虚拟电厂，并打造虚拟电厂平台（含系统主站及手机客户端），实现台区全状态感知能力提升。武汉军运会运动员村是武汉市第一个智慧用电小区，实现了家用电器用电信息智能采集、监控和控制，以及家电联动，突出了居户用电的安全性、绿色性和互动性，让用电生活变得灵动、智能。

中国华为公司采用"云-管-边-端"的核心架构搭建综合能源服务数字化平台，提供节能服务、电力运维、用能监控与分析等服务，帮助客户提升能源使用效率，降低用能费用，排除用能安全隐患，保障绿色安全的生产和生活。

阿里巴巴集团采用"厚平台、微应用"的综合能源服务云方案，基于该方案，可以快速构建一系列生态化应用，包括节电节能、电力需求侧、微网一体化、能源交易等。其主要业务包括：① 数字化光伏电站的构建；② 新能源电场的规划和投资收益预测；③ 分时电动车租赁系统的构建；④ 大规模、精益化电动车联网系统的构建；⑤ 基于大数据的精准能效管理；⑥ 轻量化运营数据大屏的构建。

中国台湾电研公司（TEPCO PG）与日本东京瓦斯公司合作开发"次世代能源仪表系统"，整合电表、水表、气表三表系统数据，与供给侧实现数据共享。

总体来看，目前国内居民智慧用能服务应用的研究总体上还处于起步阶段，基于多源数据融合的、与我国国情相适应的数据驱动的居民智慧用能系统解决方案尚未形成。

3. 居民智慧用能服务政策现状

近年来，以需求侧响应业务为突破口，我国出台一系列政策大力推动需求响应、互联网+"智慧能源"新业态发展，为加快居民智慧用能业务快速发展创造了良好的政策环境。

2015 年 3 月，中共中央国务院《关于进一步深化电力体制改革的若干意见》（中发〔2015〕9 号）中指出应进一步提升以需求侧管理为主的供需平衡保障水平；2015 年 3 月，国家发展改革委、能源局《关于改善电力运行调节促进清洁能源多发满发的指导意见》（发改运行〔2015〕518 号）强调通过移峰填谷为清洁能源多发、满发创造有利条件；2015 年 4 月，国家发展改革委、财政部《关于完善电力应急机制做好电力需求侧管理城市综合试点工作的通知》（发改运行〔2015〕703 号）要求在试点城市建立长效机制，制定、完善尖峰电价或季节电价。

2016 年 3 月，《中华人民共和国国民经济和社会发展第十三个五年规划纲要》指出要适应分布式能源发展、用户多元化需求，提供需求侧交互响应能力；建设"源-网-荷-储"协调发展、集成互补的能源互联网；2016 年 12 月，《"十三五"节能减排综合工作方案》强调加强电力需求侧管理，建设电力需求侧管理平台，推广电能服务，鼓励用户采用节能技术产品，优化用电方式；2016 年 12 月，《能源发展"十三五"规划》中指出要引导电力、天然气用户自主参与调峰、错峰，增强需求响应能力，同时提高电网与发电侧、需求侧交互响应能力。

2017 年 9 月，国家发展改革委等六部委发布《关于深入推进供给侧结构性改革做好新形势下电力需求侧管理工作的通知》（发改运行规〔2017〕1690 号）指出，要通过信息和通信技术与用电技术的融合，推动用电技术进步、效率提升和组织变革，创新用电管理模式，培育电能服务新业态，提升电力需求侧管理智能化水平。

2019 年，国家发展改革委、国家能源局印发《关于做好 2019 年能源迎峰度夏工作的通知》（发改运行〔2019〕1077 号），明确要求，提升需求侧调峰能力，充分发挥电能服务商、负荷集成商、售电公司等市场主体资源整合优势，引导和激励电力用户挖掘调峰资源，参与系统调峰，形成占年度最大用电负荷3%左右的需求响应能力。

为响应国家号召，结合国家电网公司自身经营发展需要，国家电网公司高度重视综合能源及智慧用能业务的开展。2017年10月，国家电网公司发布《关于在各省公司开展综合能源服务业务的意见》，要求"各省公司抓住当前能源革命的有利时机，将综合能源服务作为主营业务"，"满足客户差异化能源服务需求"。因此，大力拓展居民智慧能源服务、需求响应等业务，探索居民综合能源服务模式，显得尤为必要。

上述政策的出台极大地促进了国内需求响应业务发展，为居民智慧用能服务业务发展提供了良好政策环境。然而，在当前环境下，单纯的需求侧响应已无法满足用户多元化、个性化需求。电力企业可将居民智慧用能服务作为重要增值服务的内容，创新需求响应服务，吸引并整合更多用户参与，帮助客户提升用能体验和收益，并可以通过居民智慧用能服务统筹多种能源资源形成规模可观的综合能源响应，进而可以通过多种方式参与市场运行。

1.3.2 国外现状

1. 居民智慧用能服务关键支撑技术现状

在居民用能行为特征分析方面。Jacopo Torriti[10]从宏观方面分析了意大利不同地理和气象条件下个体居民客户的响应行为；Kavgic M[11]从经济发展和能源消耗等宏观因素角度分析了居民客户的电力消费水平；Lutzenhiser S[12]和 Murtagh N[13]从居民的基本信息和用电态度两方面对居民客户的用电负荷进行分类，证明居民的主观属性对能耗的影响较大；Zhang T[14]从居民能源消费的影响因素、用电行为和家庭空闲时间三方面对居民客户的负荷曲线进行了分类比较，通过干预用户的能源消费行为和用电时间以达到降低能耗的作用；Vassileva I（2012）[15]通过分析家庭成员的属性、家用电器的类型和使用频率以及对能源利用的态度和行为，来评估居民客户的响应。

在负荷精准聚合及快速分解方面。Gkatzikis L[16]以负荷聚合商为中介，提出了需求响应资源的分层优化模型，以成本最小化为优化目标建立负荷的聚合模型，并得到满足系统需求的资源调度安排；Sortomme E[17]以利润最大化为目标建立电动汽车的聚合模型，通过电动汽车入网技术削减系统高峰负荷，增加系统灵活性，并降低用户的成本；Wang Y X[18]以电热水器为对象，计及用户对功率需求和电价的偏好建立电热水器负荷的聚合模型，通过聚合商对用户负荷进行聚合，在满足调度部门调度要求的同时满足用户的需求；Short J A[19]研究了聚合负荷在平抑风电波动中的作用，建立了聚合负荷模型，通过含风电并网场景的仿真明确了聚合负荷对风电引起的系统频率波动响应规律，指出聚合负荷可以平抑风电波动，提高风电穿透功率，减少其他辅助服务产生的费用。

在需求响应激励机制方面，英国售电公司提供的套餐合同方案以固定电价套餐和可变电价套餐为主；澳大利亚的零售商运营模式及典型电价套餐，发展较为成熟，该国针对不同类型居民已推出多种电价合同，居民可以灵活选择合适的电价套餐，也可以签订固定价格合同，如分时电价、阶梯电价或者选择实时电价；美国德州电力市场发展成熟，电价套餐具有多样性，售电公司能够为居民提供个性化的增值服务以满足不同居民用能需求。

2. 居民智慧用能服务应用现状

目前，国外的居民智慧用能服务已趋于成熟且具备初步规模化推广条件，这将为我国居民智慧用能服务应用提供重要参考。

OPower 是一家为用户提供软件服务，即客户数据服务管理的平台，其现阶段的业务开展最为典型，形成了一定的市场规模和成功模式。OPower 公司拥有美国 37%家庭的能源消费数据，能够获取约 1.15 亿家庭的能源消费数据，帮助用户实现了平均 1.5%~3.5%的节能效果。2016 年 OPower 产品线由 Oracle Utilities 公司销售。Oracle Utilities 主要提供客服顾问、数字自助服务、峰值管理服务、能效服务、主动警报服务、报价管理等服务，核心是帮家庭用户节约用电，依靠数据和算法为用户提供节能服务。然而，Oracle Utilities 公司经营仍存在问题：现有经营产品仍然无法彻底实现程序化、智能化的能源管理；用户侧综合能源服务缺乏专门的技术和商业路线图，及发展时间表；不同节能阶段、不同场景下技术投入与经费预算差异较大，技术革新面临压力。

德国 RegModHarz 项目在用电侧整合了储能设施、电动汽车、可再生能源和智能家用电器的虚拟电站，包含了诸多更贴近现实生活的能源需求元素。英国电力网络公司开展的低碳伦敦项目利用智能电能表和通信技术向用户及时反馈能源消费信息，达到减少能耗和转移峰荷的效果。爱尔兰电力和天然气行业监管机构能源监管委员会（CER）启动了一项智能计量项目，以进行客户行为试验，实验数据集包括智能电能表采样数据（采样周期为 30min）和实验前后的问卷调查数据，用以确定社会属性、生活方式、住房等因素如何影响客户用电行为。

美国是世界上实施居民智慧用能项目最多、种类最齐全的国家，处于世界领先水平。美国能源部在 2001 年即提出了综合能源系统（integrated energy system，IES）发展计划，目标是提高清洁能源供应与利用比重，进一步提高社会供能系统的可靠性和经济性，其重点是促进对分布式能源（distributed energy resources，DER）和冷热电联供（combined cooling heating and power，CCHP）技术的进步和推广应用。

东京电力公司是国际先进的居民综合能源服务企业代表，于 2012 年向综合能源服务商转型，初期通过旗下客户服务公司与本国其他能源企业联合开展综合能源服务业务，主要提供电力和燃气的一站式服务以及其他能源解决方案。2016 年日本全面放开电力零售市场后，东京电力顺势进行业务重组，确立综合能源服务商的战略定位，并新成立专业公司，力求提供多种电力能源产品及新型能源服务，努力成为综合能源服务行业的引领者。针对中小客户，特别是居民客户，东京电力公司判断其需求偏好将会向节能环保、户用型可再生能源及个性化服务转变。在此基础上，东京电力确定了对中小客户的营销策略：① 面向新建、改建住宅提供节能诊断，以及创能、节能、储能相关设备安装、售后等服务，并大力推广电炊具、节能热水器等高效电气产品构成的"全电气化住宅"；② 向客户推荐电力、燃气组合价格方案；③ 建立云端用电分析系统，引导客户错峰用电。

3. 居民智慧用能服务政策现状

欧洲是最早提出综合能源系统概念并最早付诸实施的地区。早在欧盟第五框架（FP5）中，尽管综合能源系统概念尚未被完整提出，但有关能源协同优化的研究被放在显著位置，如 DGTRE（Distributed Generation Transport and Energy）项目将可再生能源综合开发与交通运输清洁化协调考虑；ENERGIE 项目寻求多种能源协同优化和互补，以实现未来替代或减少核能使用；Microgrid 项目研究用户侧综合能源系统，目的是实现可再生能源在用户侧的友好开发。在后续第六（FP6）和第七（FP7）框架中，能源协同优化和综合能源系统的相关研究被进一步深化，Microgrids and More Microgrids（FP6）、Trans-European Networks（FP7）、Intelligent Energy（FP7）等一大批具有国际影响的重要项目相继实施。

美国联邦能源管制委员会已经发布了批发市场竞争总规则，要求所有的区域输电组织（Regional Transmission Organization，RTO）和 ISO 文件，允许零售用户的 LA 以零售用户的名义直接进入组织能源市场投标需求响应项目。美国智慧用能服务提供商霍尼韦尔公司已安装了约 150 万个基于 Open ADR 的负荷管理装置来支撑需求响应，在电力高峰期帮助限制能源消耗。Pacific Gas & Electric Company（PG&E）在加利福尼亚州的智能空调项目，通过远程控制设备调节空调，使其在低容量下运行，减轻电网负荷。

此外，日本京瓷株式会社等公司共计在 25 处不同场景启动了自动需求响应（Auto Demand Response，ADR）实证试验，该试验使用 Open ADR2.0 Profileb 系统，在电力供应紧张时，自动向用户发出节电要求信号，利用能源管理系统控制用电量。日本 Tokyo Gas 公司提出在传统综合供能（电力、燃气、热力）系统基础上建设覆盖全社会的氢能供应网络，并通过整合终端不同能源使用设备、能源转换单元和存储单元共同构成终端综合能源系统。

总体来看，欧美等国家由于以电力为核心的能源市场化成熟度较高，能源交易体系较为开放，相关技术已趋于成熟且具备一定的规模化推广条件。而国内居民智慧用能服务市场还处于发展起步阶段，当前居民客户需求的重点依次为能源成本经济、服务便捷高效、满足个性化定制、风险与投资成本低、节能效果显著等。用户显著的个性化需求对技术提出了苛刻的要求，用户对于新兴技术安全性、用户隐私风险存在担忧，各主体间信息的不透明、不对称及相互信任机制尚未形成，阻碍了居民智慧用能服务业务的开展。

技术方面，尚无针对居民客户用能特点的深入调研及分析，尚无适应我国居民能源消费心理、消费特点的标本库，用户细分、精准匹配、效果评价等方面有待突破；设备方面，尚无居民智慧用能服务的成熟技术产品和共享平台，难以满足当前客户需求，亟须研发友好互动、便捷高效的技术产品；模式方面，尚无成熟的居民客户差异化的完整解决方案和商业模式，需依托生态建设衍生新的商业模式和服务模式；政策方面，居民的民生保障属性决定了能源业务的薄利、繁杂等特征，在居民侧探索智慧用能服务新业态、新模式离不开政府政策支持，当前针对居民客户的相关能源政策灵活性尚存不足。因此，开展与我国国情相适应的居民智慧用能服务关键技术与实践具有重要意义，且十分迫切。

1.4 典型业务场景

1.4.1 安全用能

1. 家电安全预警

通过对居民电气设备工作状态的监测与分析，及时准确诊断出线路电气故障（如漏电、过流、过载、过温、打火等故障），将故障信息实时发送到用户手机或电脑终端，提升家用电路检修的效率，同时有效预防各种电气事故的发生，全方位保障居民用电安全。

2. 家庭看护预警

基于水电气热等用能数据及视频数据，在居民服务云端数据中心进行分析，随时向客户提供异地生活的家人电能及电器使用方面的情况，从而让客户了解家人的生活状况。同时基于家庭用能信息，提供家庭老人及未成年人看护预警、24h 上门检修等增值服务，收取佣金费用。

1.4.2 便捷用电

1. 智慧办电

居民客户通过网上国网 App、微信公众号或第三方办电平台等渠道，上传用电人身份证明、用电地址权属证明等办电所需资料，提交用电新装、增容申请，供电企业通过营销业务系统审核受理后，安排客户经理现场完成勘查和装表接电，同时营销业务系统将客户办电信息推送至客户，实现客户办电"一次都不跑"，让客户享受便捷、高效的办电服务。

2. 智慧复电

停电时主动推送信息告知居民，居民可随时自助查询停电工单处置状态，居民缴清欠费后在网上国网 App 发起复电流程，复电流程指令推送至营销业务系统，并在复电后推送信息告知居民。

3. 水电气联合账单

根据电力、燃气、水务企业三方签署的合作协议，基于用电信息采集系统的燃气表、自来水表采集，同步统一电、水、燃气的联合缴费周期为当月月末，统一出账日期生成联合缴费通知单，实现"三单合一"，最大限度方便客户。

4. 智慧缴费

致力于水电气生活缴费便利度，基于网上国网 App、微信公众号、"电 e 宝"等平台生态，实现实名认证、自动续费/缴费、消息通知、电子发票等功能，解决户号管理困难、欠费催缴麻烦、缴费排队耗时长等缴费体验问题，助力居民客户实现服务线上化、智能化、数据化。

5. 维修保养

包括家庭设备修理服务（电力或燃气热水系统、烹饪系统）、家庭电器修理服务，通过智慧用能 App 等渠道提供能源小二实时在线抢单、签约上门检修服务，提供平台与监管服务。同时，配套住宅设备及家电维保包年服务，收取一定年费，提供全年无限次数服务。该服务可以很好地提高家庭用户生活便利，提高用户黏性。

1.4.3 高效用能

1. 家庭电气化

根据家庭电气化影响因素分析，对家庭电气化潜力客户挖掘，制定差异化家庭电气化实施推广策略，实现线上、线下定向精准推广，提升家庭电气化实施推广效率及效益。同时，面向新建、改建家庭提供节能诊断、智能家居、分布式发电、储能以及售后等一站式服务，并进行节能效果评估，实施节能目标差额补偿，从而推动节能家庭改造。

2. 能效管理

通过对居民电力数据弹性采集，对居民用能行为、家庭能耗进行深入分析，利用能效诊断、能效优化技术，通过智慧用能 App 为居民客户提供月度智能电费账单、峰谷电量电费、阶梯余量、月度用电趋势、电费预测等分析服务，提出用能优化建议等定制化服务，提高居民黏性和网络活跃度。

1.4.4 供需互动

1. 居民需求响应场景

在电力供需紧张情况下，引导居民客户参与电网供需互动，对激励信号做出响应，改变以往不合理、不必要的电力消费，优化家用电器用能时段，调节设备运行功率，降低家庭整体用电量、节约电费支出。在弃风、弃光、弃水时段，调动客户侧储能、电动汽车等可调节负荷资源参与互动，提升电网用电负荷，促进清洁能源消纳利用。

2. 光储充设施管理

通过对居民侧分布式电源情况进行分析，提出光储充新型能源网络架构模式，实现光伏及时消纳，缓解配电网供电负荷压力，实现电网削峰填谷等辅助服务，促进电动汽车充换电网络与电网的有效衔接和协调发展，提高电网运行安全性、灵活性和用户用电的积极性。

3. 电动汽车有序充电

运用经济或技术措施对电动汽车用户进行引导，按照一定的策略对充电行为和电动汽车充电设备的充电功率进行调控。充电过程中，通过智慧用能服务平台获取当前动力电池 SOC（荷电容量）、目标 SOC、配电变压器运行、用车时间等信息，同时对获取的充电需求信息进行分析，生成充电策略并下发给充电终端，实现电动汽车有序充电。

1.4.5　电力大数据应用

1. 电力看民生

以用电量、用户规模、电价数据三个核心指标为数据要素，采用大数据、人工智能相关算法进行数据处理，直观、定量地反映市场状况与民生情况。例如，在机器学习综合评价模型基础上构建的多维、量化的电力消费指数（Electricity Consumption Index，ECI）体系，通过城镇居民 ECI、乡村居民 ECI 可反映城镇化水平，通过城市交通运输业、批发零售业 ECI 等可反映城市活力，通过教育、文娱行业 ECI 等可反映居民生活水平，从而为政府城乡建设、民生管理等部门提供决策参考。

2. 人口流动、务工返乡监测

依托电力大数据分析，详细掌握居民用电量、功率及家电设备情况，识别高、中、低收入群体、空巢老人、留守儿童、住房空置、疫情人口流动、节假日返乡人口等不同层次信息，为政府快速掌握民生相关基础信息、产业布局精准施策等提供决策依据。

3. 精准广告投递

基于企业、商家提供的客户群体属性，精准匹配一定辐射半径范围内的居民客户用能标签，锁定客户群体，通过智慧用能 App 电子传单发布服务系统，针对企业与商家产品的目标客群，向周边的居民客户进行广告内容的精准投放，为企业与商家提供导流服务。

第2章

● 居民智慧用能服务标本库构建

居民客户具有数量多、单个负荷小、总量大、随机性强等特点，居民客户负荷快速增长不断加大电网峰谷差。开展居民智慧用能服务契合当前国家能源发展转型战略，满足居民智慧能源服务新业态发展重大需求。通过建立采样规模大、覆盖样本全、周期长的居民智慧用能服务标本库，探索并提出智慧用能服务市场化运作模式及配套政策建议，有助于提升居民需求响应参与度、实现电网尖峰负荷的削减、提高综合能源服务品质。

2.1 设 计 思 路

居民智慧用能服务标本库建设思路如图 2-1 所示。首先，通过地域划分、小区基本情况分析，运用分层抽样方法选取标本库标本用户的大致范围；其次，通过融合用电信息采集系统、营销业务应用系统、全业务数据中心数据及专家知识等信息，设计涵盖居民基础信息、生活方式、用电设备和用电观念四个维度的调查问卷；通过问卷调查、电网内部系统、外部系统、HPLC（High-Speed Power Line Communication）智能电能表、智能插座和非介入式智能电能表等方

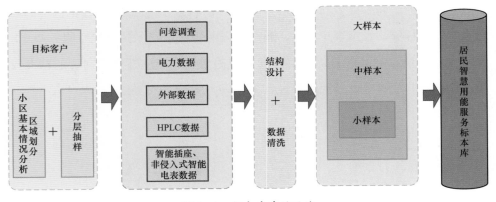

图 2-1　标本库建设思路

式，收集与居民用户用能相关的基础数据；进而设计标本库的数据结构，包括小区、居民二级结构，可高效灵活地提供用户的相关信息并对用户信息进行分类；最后，通过数据清洗过滤，剔除无用数据及不准确数据，完成包含大、中、小三类样本的居民智慧用能服务标本库构建。

2.2　调查问卷设计

调查问卷是获取居民基础信息、生活方式、用电设备和用电观念等信息的基础步骤，问卷问题的设计是关系到信息采集准确度和数据质量的决定性因素。首先，从社会学和行为学角度，研究关注家庭用能群体的心理，依托爱尔兰客户行为实验数据，设计涵盖居民基础信息、生活方式、用电设备和用电观念四个维度的问题。通过前期收集试填问卷用户等多方建议和反馈，并结合区域居民用能特点，对问卷调查内容进行部分的删除和新增，详情见表2-1。在开展居民需求响应试验时，对参与需求响应的用户问卷数据进行需求响应关键因素分析，并对问卷字段进行有效性分析，进而对用电无影响字段进行删除。通过不断循环迭代优化上述过程，最终形成包含 40 个问题、涉及 137 字段的《居民智慧用能调查问卷》。

表 2-1　　　　　　　　　调查问卷字段设计

居民智慧用能调查问卷		
分类	调查内容	调查原因
基础信息	家庭成员 各年龄段成员数据 电费缴纳人员年龄段 生活状态标签 宠物	了解不同年龄段的人员、电费缴纳人员、生活状态、饲养宠物等基础信息是否影响居民用能习惯
	主要经济来源者 职业状态 职业性质 从事行业 主要经济来源者年龄段 受教育程度	了解各行业从业人员、主要经济来源者年龄不同、教育程度是否有影响用能行为

续表

居民智慧用能调查问卷		
分类	调查内容	调查原因
基础信息 · 房屋现状	房屋所有权 房屋面积 卧室数量 客厅数量	了解居住状态对用能行为影响
收入	家庭综合收入水平	了解收入水平对用能行为影响
用电设备 · 空调	（壁挂、立柜、中央）空调数量 （工作日、休息日）使用时间 （冬天、夏天）设置温度	了解客户空调数量及空调使用习惯
热水器	（即热式、燃气、空气能、电能、太阳能）热水器数量 热水器工作方式	了解客户热水器数量及空调使用习惯
厨房设备	燃气灶、电饭煲、高压锅（电）、微波炉、电磁炉、洗碗机、电烤箱、电热水壶、蒸箱、面包机、油烟机	了解客户厨房设备对用能行为的影响
办公娱乐设备	台式电脑、手提电脑、投影仪、音响、打印机、游戏机（如 Xbox、PS 游戏机、Wii）、其他	了解客户办公娱乐设备对用能行为的影响
其他用电设备	电热地暖、电取暖器、洗衣机、冰箱、烘干机、电视机、跑步机、消毒柜、吸尘器、扫地机、热带鱼缸	了解客户其他用电设备及用能习惯
用电观念 · 节约用电习惯	是否愿意做更多 知道如何做 预期节约用电效果	了解居民节约用电习惯
用电知识、关注度	心态分析、阶梯电价、电力缺口、电费账单、电费支出	了解居民用电知识、用电关注度
需求响应	高峰时段参与意愿 回报需求 智能插座安装意愿	了解参与需求响应意愿及回报需求
用能指导	支付意愿	了解居民支付意愿
智能家电	家电厂商、家电需求及购买意愿	了解居民家电偏好及需求

续表

居民智慧用能调查问卷		
分类	调查内容	调查原因
生活方式 — 能源	供暖能源 生活烧水能源 做饭能源、在家做饭次数 用气费用	了解居民用能习惯、综合能源使用情况
生活方式 — 电动汽车	有/无电动汽车 充电情况 充电时段 三年内购买意向	充电汽车发展空间大

2.3 基础数据收集

标本库所收集的数据通过数据集成接口、外部数据导入、终端远程采集等方式进行收集,主要包含问卷调查数据、电网内部系统数据、外部系统数据、HPLC 电能表采集数据、智能插座和非介入式智能电能表数据等。在数据存储方面,对于电网内部系统数据,标本库数据结构与系统内部数据结构保持一致;对于电网外部数据或新增采集数据,则根据标本库系统功能需求,设计各维度数据实体数据结构。

1. 调查对象选择

鉴于不同地区居民用户基本属性特征、数据采集条件、用能特征及地区发展等方面的差异性,选取具备典型特征的部分地区开展示范工程,如省会城市、多表合一试点城市、近年来发展较快的城市、居民用户数增长较快的城市等。

2. 问卷调查数据收集

在示范工程典型小区,线上通过网上国网 App 和微信公众号,线下通过小区走访、上门宣传等多维度方式开展居民智慧问卷调查;此外,对收集到的问卷通过电话回访、基础数据比对分析等方式进行有效性研判;最后,对于有效性较低的问卷,采用退回重填或再调研等方式进行循环迭代优化,确保有效问卷样本的质量和数量，保证收集到不少于 1 万份有效问卷。

针对收集到的有效问卷，围绕问卷题项，构建 32 个结构化特征，见表 2-2；通过 Dataframe Mapper 对于问卷中的特征进行转换，得到基础信息、用电设备、生活方式、用电观念等信息的特征分布。

表 2-2 调查问卷字段设计

基 础 信 息			
1	居住状态	5	人口数
2	卧室数量	6	电费缴纳者年龄分布
3	房屋面积	7	家庭年综合税后收入
4	客厅数量	8	受教育程度
用 电 设 备			
9	空调数量	13	冬天空调温度范围
10	热水器工作方式	14	厨房设备数量
11	夏天空调温度范围	15	热水器数量
12	常用家电数量	16	办公娱乐设备数量
生 活 方 式			
17	家供暖能源	20	电动汽车充电时段
18	有无电动汽车	21	家庭每月用天然气（或煤气）费
19	在家做饭情况		
用 电 观 念			
22	智能控制家电达到节能效果意愿	28	节电习惯
23	邻居是否影响你的用电行为	29	参与需求响应意愿
24	是否了解阶梯电价	30	邻居是否影响你的用电行为
25	希望每月减少电费支出	31	使用有偿用能服务意愿
26	是否经常查看家庭电费账单	32	期望获得用能服务类型
27	是否了解"电力缺口"概念		

3. 电网内部系统数据收集

基于电网内部现有营销业务应用系统以及用电信息采集系统，通过数据接口形式，获取用户基础档案信息、用电采集信息等相关数据。对于营销业务基础类档案数据，如用户档案、用户计量点、客户联系信息、用电地址等信息，每月月初从基础数据平台将这部分档案数据全量更新同步到居民智慧用能服务平台；对于用电采集系统数据，如电流、电压、电量等，由于数据量大且每日更新，则每日抽取新增数据同步到居民智慧用能服务平台。

4. 外部系统数据收集

（1）气象相关数据收集。根据气象局官网发布的历史气温数据，通过网络爬虫技术，每月月初爬取各市、县上月的气象数据，主要获取城市名称、日期、天气状况、气温（最高、最低）、风力风向等信息；然后将获取的气象数据按数据存储要求保存为 csv 文件，并将数据文件导入居民智慧用能服务标本库，实现月均气温和日气温数据的基础查询。同时根据场景需求，从气温数据中提取需要字段用于分析，例如根据客户同期的用电量和气温信息，研究温度对居民用能行为的影响。

（2）房管局相关数据收集。与地方房管局进行业务对接，签订数据共享协议，采用线下数据文件的形式，由地方房管局按月提供房屋产权人姓名、性别、年龄、身份证号、联系方式、房屋合同编号、住房面积、成交价格、地址等相关数据，将数据文件导入居民智慧用能服务标本库，实现区域房产档案、房产均价等信息的基础查询。同时，根据场景需求，从房管局数据中提取需要字段用于分析，例如根据区域房产均价的横纵向对比，研究房产价值对于居民用能行为的影响。

（3）统计局相关数据收集。根据统计局官网发布的地区历史经济指标、能源指标等相关数据，通过网络爬虫技术，按月爬取各市、县上月的指标数据，主要获取城市名称、日期、经济类指标、能源类指标等信息，然后将获取的相关数据按数据存储要求保存为 csv 文件，并将数据文件导入居民智慧用能服务标本库，实现区域经济指标和能源指标的基础查询。同时根据场景需求，从统计局数据中提取需要字段用于分析，例如根据区域经济指标、能源指标横纵向对比情况，研究经济及能源发展对于居民用能行为的影响。

5. HPLC 数据收集

首先，在示范工程区域内，通过分层抽样选择典型小区，涵盖不少于 1 万户居民，首先完成 HPLC 智能电能表安装；随后，对示范区逐步实现 HPLC 智能电能表全覆盖，确保可采集百万级居民用户 HPLC 用能数据。

HPLC 智能电能表（一天 96 次，每 15min 采集一次实时数据）数据通过集中器与用电信息采集系统进行数据通信，主要采集客户的电压、电流、有功功率、无功功率、功率因素和电量示值。

6. 智能插座、非介入式智能电能表数据收集

在收集到有效问卷的示范区域居民群体中，筛选有意愿安装智能插座、非介入式智能电能表的居民客户，并通过安装智能插座及非介入式智能电能表，采集用户实时用能信息。此外，不断迭代循环此过程，以保证收集到部分居民智能插座数据以及部分非介入式智能电能表数据。

智能插座和非介入式智能电能表采集数据维度基本一致，主要采集家用电器电流、电压、功率等数据。其中，智能插座每分钟采集一次，数据颗粒度更细、精度更高，可实时监测各类家用电器用能情况。通过智能插座和非介入式智能电能表数据，可监测某客户各类家用电器运行情况、当日用电情况、累计电量占比情况等数据。

2.4 样本数据清洗

数据是信息分析的基础，数据质量高是各种数据分析、数据挖掘等有效应用的基本条件。在获取不同数据源的初始数据时，为了提升数据入库质量，主要对数据完整性、一致性、唯一性、空值等方面进行清洗。

1. 一致性检查

一致性检查是根据每个变量的合理取值范围和相互关系,检查数据是否合乎要

求，剔除超出正常范围、逻辑上不合理或者相互矛盾的数据。

（1）变量范围一致性检查。对于数值型变量，统计变量分布情况，基于业务经验判断正常值域范围，并自动识别每个超出范围的变量值，对于超出范围实例数据进行筛选排查。例如，如果问卷调查数据中的家电数量、房屋数量等信息出现明显的异常，可根据实际情况进行再次确认或直接剔除相关记录；如果量测采集数据存在少部分数据的跳变，甚至负值等异常情况，可以直接用空值替换。

（2）逻辑一致性检查。逻辑上不一致性的答案可能以多种形式出现。例如，许多调查对象没有电动汽车，却选择电动汽车充电时间段，或者调查对象选择没有空调，但同时给出了空调使用时间段或空调设置温度，或对于电话号码长度及规则进行一致性检查。对于发现逻辑不一致时，要列出问卷序号、记录序号、变量名称、错误类别等，便于进一步核对和纠正。

2. 空值检查

由于调查、编码和录入误差，数据中可能存在一些缺失值，需要给予适当的处理，其通常采用估算或删除等方式。

（1）造成数据缺失的原因。造成数据缺失的原因是多方面的，主要有以下几种可能：有些信息暂时无法获取，有些信息是被遗漏的，有些对象的某个或某些属性是不可用的，有些信息（被认为）是不重要的，获取这些信息的代价太大，系统实时性能要求较高，部分数据采集失败。

（2）调查问卷数据空值处理。对于调查问卷，由于获取数据成本较高，对于空值数据，尽量避免直接删除。例如，如果某份问卷数据的其他常规问题数据质量较高，而对于"客户编号""电话号码"这类关键数据缺失，则需人工进一步核对补全缺失数据。对于问卷中其他非关键数据出现空值，属于被调研对象未作答，这类空值属于正常现象，可不做处理。

（3）天气数据空值处理。对于天气数据，由于这部分数据可通过网络爬虫获取，相对而言数据获取成本较低，主要核实城市名称、日期、天气状况、气温（最高、最低）、风力风向等信息，若出现空值，重新爬取数据即可。

（4）量测数据空值处理。对于 HPLC 智能电能表、智能插座、非介入式智能电能表等量测数据，由于数据采集频率较高，每日采集 96 点数据，可能会存在部分采集点丢失现象。对于这类空值，通常基于其余对象取值的分布情况对一个空值进行填充，例如用其余属性的平均值、中位数或众数代替缺失值。

对于用电客户而言，每个用户的用电特征都不一样，采用基于其余对象的统计学值填充缺失值显然不合理。由于客户用电行为上存在时间连续性，缺失数据与前后多个采样数据存在强相关性，所以对于数据缺失较少的记录，可以根据缺失数据前后 10 个采样点的均值进行空值填充；对于缺失数据较多的记录，核查是否采集传输通信出现故障，若是由于通信原因造成的大量缺失数据，待通信正常后重新传输数据即可。

3. 唯一性检查

在绝大多数情况下，数据表中会有重复的数据，在录入数据库中需要避免数据重复。在数据录入时，通过设置唯一性约束条件避免重复记录。如调查问卷数据设置客户编号为唯一约束条件，需确保每个客户只有一条调查问卷数据；天气数据以城市名称和日期为约束条件，保证每个地区每天只有一条相关数据。对于重复数据，直接删除多余记录，数据入库只保留一条记录。

2.5 标本库典型应用

基于已构建的居民智慧用能服务标本库，融合居民用能数据及问卷调查数据开展综合分析。首先，从不同居民家庭收入、人员结构、家用设备类型、智慧用能消费情况等用能影响因素出发，提炼居民用户综合用能特征；其次，建立需求响应容量、响应设备类型、持续时间、居民参与度、用能服务需求类型等系列用户识别标签，实现对标本库居民用户的分类细化。

在此基础上，针对标本库范围外的居民用户，基于其用能数据提炼其用电特征，通过神经网络算法，与标本库内居民用户识别标签进行对比分析，预测其所在分类及标签类型，从而建立具有普遍通用性的更大规模用户标签识别模型。同时，检验新用户分类结果，判断新用户是否不属于已有类别，考虑新增标签分类类别，实现模型的新增类别学习功能。

居民智慧用能标本库根据数据的更新进行实时动态更新，实时展示居民用户的用能特征。通过居民的用能需求，如家庭电气化特征、电力需求特征、电动汽车潜力等，为能源服务商智慧用能服务提供数据支撑；通过居民用户的能源消费行为、电价敏感特征、峰谷用电偏好、电能替代潜力、农村发展电气化水平等行为特征，为政府机构制定居民能源政策提供数据支撑。基于标本库的数据组合方式，设计研发了涵盖分类查询、字段查询以及组合查询等多种查询方法，数据脱敏后提供给有需要的科研机构及教育机构，支撑其开展相应的研究及学习工作。最终，基于标本库及用户标签识别模型构建成果，分析确定用能识别标签组合。并以智慧用能服务为目标，根据不同应用场景数据需求精准定位目标客户群体，实现高效居民客户用能服务管理，如图 2－2 所示。

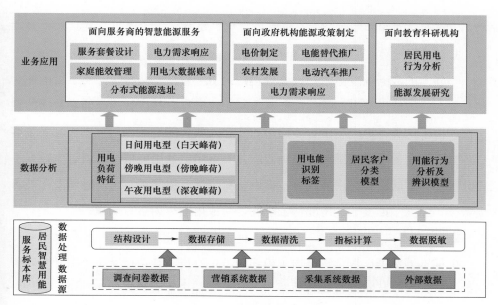

图 2－2　标本库典型应用场景

2.5.1　样本构建

通过数据清洗之后，最终构建的居民智慧用能服务标本库主要包含大、中、小三类样本，样本之间的差异主要体现在特色数据方面，其中各类样本采集的数据维度及规模如表 2-3 所示。

表 2-3　　　　　　　　　　　　样本数据维度及规模

名称	样本类别	数据维度		数据规模（万户）
		特色数据	共有数据	
居民智慧用能服务标本库	小样本	智能插座 非介入式智能电能表 问卷调查数据 HPLC 智能电能表数据	气象数据、房管局数据、统计局数据、集成营销业务应用系统、全业务数据中心数据	0.4
	中样本	非介入式智能电能表 问卷调查数据 HPLC 智能电能表数据		0.6
	大样本	问卷调查数据 HPLC 智能电能表数据		1

1. 小样本

小样本的数据维度最全，样本规模约为 0.4 万户，其特指安装了智能插座和非介入式智能电能表，同时具有调查问卷数据和 HPLC 智能电能表数据的客户群。由于这类客户安装了智能插座和非介入式智能电能表，可以实时采集客户各类家用电器用能情况，可精确监测各类家用电器用能情况。通过大数据手段分析小样本居民客户用能行为，提取负荷特性、用能量、用能时间及用能习惯特征，建立多维度居民用能特征标签，形成用能行为客户画像。

2. 中样本

中样本的数据比较全，样本规模约为 0.6 万户，其特指安装了非介入式智能电能表，同时具有调查问卷数据和 HPLC 智能电能表数据的客户群。其中，0.6 万户中样本包含了 0.4 万户小样本，相对于小样本，由于缺少智能插座数据，只能粗略监测各类家用电器用能情况。

3. 大样本

大样本的数据维度相对较小、样本规模不少于 1 万户，其特指收集到有效调查问卷，同时安装了 HLPC 智能电能表的客户群。1 万户大样本包含了 0.6 万户中样本。这类客户相对于小样本和中样本而言，只有问卷调查数据和 HPLC 智能电能表数据。通过对比分析小样本、中样本和大样本调查问卷、HPLC 智能电能表数据及共有数据特征，挖掘各类样本之间的映射关系，实现小样本到中样本、中样本到大样本的用能特征推广。

2.5.2 面向服务商的智慧能源服务

智慧能源的用户是第一资源，需要对用户进行精准且深度的分析研究。然而目前各能源服务商企业对于用户的需求研究远远不够，且其提供的标准化服务与用户的个性化需求之间尚存在差距。

智慧能源服务一部分是综合能源，另一部分是综合服务。能源的综合服务基本上分为三大类：能源销售服务、分布式能源服务、节能减排和需求响应服务，而每大类服务又可体现为基础服务和深度服务。

目前，国内在智慧能源服务的基础服务领域都有所涉及，但几乎没有某一家公司提供所有的基础服务，基本呈现的是电网公司提供售电，燃气公司售气，冷热电三联供的电厂提供蒸汽、热水。目前国内在深度服务领域相对欠缺。在国外，能源销售服务既给用户提供设计、运维，还会给用户提供多个套餐选择，如分布式能源服务方面，可以给供应商提供投资及金融服务；在节能减排和需求响应服务方面，提供整体规划设计、运维以及设备租赁柔性调控等内容。

根据居民智慧用能服务标本库，收集、归纳、提炼居民用户用能特点，如能效管理特征、电能替代潜力、需求响应潜力、电动汽车用能潜力等，实行客户细化和分群管理，从能源服务商角度出发，针对能效管理、电能替代、需求响应、电动汽车充电服务等提供业务设计、业务场景应用支撑，为智慧用能服务的规模化应用提供数据支撑，精准开展智慧用能服务，提升居民用能服务满意度。

1. 家庭能效管理

"能源效率"简称"能效",其按照物理学的观点通常指在能源利用中,发挥作用的与实际消耗的能源量之比。从消费角度看,能效是指为终端用户提供的服务与所消耗的总能源量之比。所谓提高能效,是指用更少的能源投入提供同等的能源服务。现代意义的节约能源并不是减少使用能源,降低生活品质,而应该是提高能效,降低能源消耗,也就是该用则用、能省则省。

基于标本库所收集的居民家用电器使用习惯及频率、家庭用能习惯、各类家用电器用电等数据,形成居民家用电器能耗等级系列标签;进而筛选其中的高耗能家电及高耗能用户,针对性设计家电保养、维修、更换等服务套餐,并基于此类居民用户地理位置信息开展定点定向服务推广。

2. 电能替代

电能替代是在终端能源消费环节,使用电能替代散烧煤、燃油的能源消费方式。实施电能替代是提高电煤比重、控制煤炭消费总量、减少大气污染的重要举措。

基于标本库所收集的居民用户家庭电器相关数据,从地理位置、家庭电器类型、电器使用习惯等维度出发,对用电客户进行群体分类,结合用电信息、服务信息、电器购买情况等数据信息开展挖掘分析,构建家庭电气化产品购买群体预测模型;此外,从购买人群特征、购买电器产品特征、家庭电气化推广策略等方面出发,筛选存在家庭电器购买潜力的居民用户群体,并形成购买潜力产品类型系列标签,进而面向家庭电器销售厂商提供电器营销推广策略设计相关服务,实现定点定向推广。

3. 居民需求响应

近年来,随着居民家庭生活水平的整体提升,居民客户用电负荷呈现高速增长的态势,由于居民负荷具有民生保障性强、价格弹性不高、需求多元化等特征,给电力需求侧管理带来了新的挑战。

基于标本库用户基本属性特征及用电行为特征,筛选具备需求响应潜力的居民用户,形成居民需求响应潜力等级系列标签。当出现电力供应缺口,需开展电力需求响应时，通过居民需求响应匹配度计算模型，快速匹配响应潜力客户群，实现电力供需平衡的快速调节。

4. 电动汽车智能管理

电动汽车是未来汽车行业的主攻方向，但是依然存在续驶里程短、充电站不足等问题极大影响人们购买电动汽车的积极性，所以电动汽车的充电问题是电动汽车使用和推广过程中的关键问题。

基于标本库居民用户用电行为信息，筛选出与电动汽车相关的数据信息，包含电动汽车拥有情况、用车情况、充电情况等相关信息；提炼电动汽车用户地理位置分布、日常用车习惯、充电习惯等特征，结合区域范围内充电站桩建设运营情况，为充电服务运营商提供站桩建设选址、充电服务套餐设计、场站运营推广等相关建设运营建议，进而辅助支撑充电服务运营商日常运营工作。

2.5.3　面向政府机构的居民能源政策制定

居民能源消费行为是我国未来能源需求增长和二氧化碳排放增长的主要来源，居民能源消费行为是否低碳，一方面是由个体的责任意识和价值观等而产生的主动行为，另一方面也可以体现为受到外部情境因素诱导而产生的引致行为。无论哪种行为都可以通过政策的引导来激发、促成和强化。因此，研究不同政策对居民能源消费行为低碳化的作用机理是从生活方式上推进生态文明建设的重要课题，将为行为引导政策的开发与优化提供重要理论依据。为此，以居民智慧用能服务标本库样本数据为基础，针对居民用户的能源消费行为，从居民电价制定、电能替代推广、农村发展建设、电动汽车推广、居民需求响应激励等方面政策入手，展开深入分析，构建相应的政策支撑应用场景，预测各项居民能源政策对于居民用户可能带来的用能行为影响，辅助地方政府合理制定相关政策。

1. 居民电价制定

居民生活用电的价格水平较低，近年来成为电价调整的焦点。居民生活用电价包括：城乡居民家庭照明、家用电器等生活用电，居民楼道灯用电，教委明确范围内的学校教学和学生生活用电，以及民政部门认定的属于向老年人、残疾人、孤残儿童开展养护、托管、康复服务的服务场所用电及城乡社区居委会公益性服务设施用电。

随着我国资源节约型社会和环境友好型社会的建设，关于居民用电的价格管理的问题日益重要。社会各阶层人士纷纷提议提高居民用电价格，或者创新居民用电电价管理办法，但由于社会各阶层的承受能力不同，对于如何制定居民用电价格的标准很难形成比较一致的看法。为应对能源价格上涨及鼓励全社会进行节能减排，我国从 2012 年 7 月 1 日起开始全面推行居民阶梯电价，各省根据地区用电水平制定了不同的分档电量及电价。随着居民阶梯电价的推行，满足了低收入群体的生活必须用电，同时兼顾了公平与效率，提高了居民的节能意识，达到预期效果，但也存在引导节约用电效果不明显等问题。

居民智慧用能服务标本库通过收集居民用户用能行为数据，基于居民电价制定原则，结合标本库居民用户当前电价执行情况，从电价阶梯、时段、电价分类、地理位置等维度展开分析，预测居民电价调节对于居民用能行为的影响，为政府制定相关居民电价政策提供理论及实践依据，进而支撑居民电价政策的灵活有效的执行，也为推动全社会节约用电、科学用电提供参考。

2. 电能替代推广

从城市到乡村，从生产到生活，电能替代无处不在。目前，全国推进电能替代重点领域主要有蓄热电锅炉、热泵、电窑炉、电蓄冷、农业电排灌、电动汽车、轨道交通、家庭电气化等，同时积极拓展燃煤自备电厂改用网电、油气输送管线电力加压、皮带廊传输、电制茶、电烤烟等电能替代新领域。随着电能替代领域的逐步扩大，清洁电能走进千家万户，在改变人们生活方式、出行习惯的同时，大大改善了用户体验。

为降低"电代煤"成本，提高用户改造积极性，近年来全国各省市陆续出台居民"煤改电"设备购置和电价补贴、居民峰谷电价、"打包交易"等系列优惠政策，鼓励居民多使用清洁电能。其中，电能替代电价相关政策主要包括降低分时夜间谷段电价、提供电价补贴、提升采暖季阶梯电价额度等措施，旨在减轻居民"电代煤"电费负担。

当前电能替代工作普遍存在潜力用户挖掘效率低下,分析筛选不全面、不专业等问题。居民智慧用能服务标本库恰好解决了此方面的问题,其通过全方位采集居民用户用能数据,提炼用能行为特征,深入挖掘其电能替代潜力,辅助政府机构定点定向制定电能替代推广相关政策。

3. 农村发展建设

自 2004 年开始,我国连续十余年的中央一号文件一直聚焦"三农"问题,"三农"问题在中国的社会主义现代化时期占据重要地位。其实早在改革开放初期,关于农村改革和农业发展部署的一号文件在 1982～1986 年就已发布。

纵观历年的一号文件主体,关注的重心已由农业生产力向农业生产关系调整转变;由关注农民生产生活向科技创新、制度改革转变;由关注农业综合生产能力向环境友好型农业、资源保护生态修复转变。

基于居民智慧用能服务标本库所收集的农村居民相关数据,提炼农村居民用户基本特征、用能习惯特征,针对农村地区生活生产情况展开全景分析,分析农村的变迁以及空心化、边缘化情况及农村产业经济发展情况,为政府进行农村经济分析、制定产业扶贫相关政策提供支撑;同时,通过对农村居民用户用电数据的分析,排查农村长期外出、空巢老人等相关情况,辅助支撑政府部门开展精准管理和帮扶。

4. 电动汽车推广

电动汽车是未来汽车产业的主攻方向,是政府政策的最终导向,近年来,国家各部委及各级地方政府陆续出台多项电动汽车产业助推政策,主要包括电动汽车购置补贴、充电设施建设补贴、新能源汽车动力蓄电池回收利用、充电服务运营补贴等相关辅助政策,持续加速电动汽车的推广及充电服务网络的覆盖建设。

从居民用户电动汽车购买及使用需求角度出发,基于居民智慧用能服务标本库所收集的居民用户基本属性信息及用能行为特征等相关数据,针对居民用户电动汽车购买需求、购买能力、车辆充电需求、充电单价承受能力等方面展开深入分析，结合当前电动汽车购买补贴、充电设施建设补贴、充电服务运营补贴等相关辅助政策现状，提出优化建议，为政府后续调整及发布相关政策提供辅助决策支撑。

5. 居民需求响应激励

需求响应本质上是一种市场化的运作机制，在不同技术条件下有不同实现方式。智能用能的发展与建设，为实现自动需求响应提供了技术条件。针对现有居民用户需求响应相关政策展开深入分析，并构建基于居民智慧用能服务标本库现有用户相关数据的居民需求响应激励模型，以及基于信用积分激励理论的电力积分理论模型。将二者应用于需求响应激励机制能够起到正向激励作用，直观体现用户的响应能力和响应信用，可为政府机构制定及推行居民需求响应相关政策提供辅助决策支撑。

第 3 章

标本库用户标签体系建设

居民智慧用能服务标本库中包含海量用户行为数据，具有数据量大、数据类型多、价值密度低、速度时效高等特征，是最为系统和完备的大数据集合。挖掘标本库数据的潜在价值，精准识别智慧用能服务的目标人群，需要应用大数据技术对海量居民用能数据分析处理。通过用户信息化标签体系建模，对用户兴趣进行标识以及对用户行为的潜在意图进行挖掘，并建立具体服务项目与目标人群标签的映射联系，为规模化居民智慧用能服务提供高效指导。

3.1 用户信息化标签体系概述

用户信息标签化是对来源不同的数据分析后给用户分配典型特征标签，将用户的具体行为、兴趣偏好抽象成一个多元化的用户原型。如何实现大数据变现，满足用户个性化、差异化需求的重点在于利用用户信息化标签体系构建服务体系。通过对不同维度用户数据建立信息化标签体系，将用户的静态信息及动态信息相结合，从而利用标签抽象出一个用户的全貌。用户信息化标签体系通过语义化表示的形式，从业务角度出发，使用户更能理解标签的含义。标签化是对用户特征的符号表示，标签化的用户，既有利于计算机计算分析，也方便人们对用户画像的理解。创建并应用标签，既能抽象出用户的基本特征，也能感知用户行为变化，从而为居民智慧用能服务提供有效的方法和导向。

3.2 用户信息化标签体系建模

为了满足用户个性化需求，为用户提供个性化服务，需要对用户画像进行建模，分析识别用户习惯、兴趣爱好等信息。用户信息化标签体系的核心是识别用户兴趣和用户行为，根据用户的基础信息、访问信息、行为偏好，以及隐式兴趣等进行归纳，抽象计算出用户模型，为智慧用能服务应用提供更加精准的语义信息。用户信息化标签体系包含着静态信息标签和动态信息标签。其中，静态信息标签包含用户的基础特征、商业属性等可量化的数据特征；而动态信息标签则作为用户信息化标签体系的核心，包含用户的行为刻画、兴趣模型等。用户信息化标签体系建模如图3-1所示。

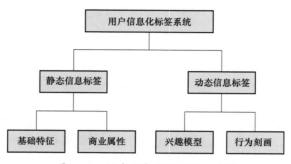

图3-1 用户信息化标签体系建模

3.2.1 用户静态信息标签

对用户静态信息标签建模，首先确立用户画像的精细程度，然后获取相对应的数据，最后对数据进行清洗处理来建立用户的静态画像。

用户静态信息标签的构建过程是利用统计分析方法整理基本标签。统计分析是基于统计理论，以概率论建立随机性和不确定性的数据模型。统计分析可以为大型数据集提供两种服务：描述和推断。仅依靠静态用户画像无法全面、精准地刻画用户画像，无法描述出用户的全部属性，因此需要通过动态的用户画像结合静态数据的描述来构建全面的用户画像。

用户的静态信息标签从用户的基本属性信息中获取，以用户的基本资料、家庭用能设备的情况、用能习惯、节能意愿等作为基础，可以直观地描述居民客户的用能基本特征。基本静态信息标签包括两级分类：一级标签包含用户的基本属性、家用用能设备信息、用能习惯信息、节能意愿信息等基本信息；二级标签则不断细分，例如将用户的基本属性分为性别、年龄、学历、职业、家庭构成等。

1. 基本属性标签

居民客户的基本属性标签所对应的数据可以直接获取，一般为用户的基础数据，这类数据只要进行基本的清洗整理。例如居民的性别、年龄、学历等情况，通过对居民智慧用能服务标本库的梳理，基础属性标签如表 3－1 所示。

表 3－1 　　　　　　　　　　基 础 属 性 标 签 表

基本属性标签	常住房屋面积	A. 小于 50；B. 50～70；C. 70～90；D. 90～110；E. 110～130；F. 130～150；G. 150～200；H. 200～300；I. 大于 300
	家庭总成员数	A. 1；B. 2；C. 3；D. 4；E. 5；F. 6；G. 大于 6
	主要经济来源者的受教育程度	A. 小学及以下；B. 初中；C. 中专/职高/高中；D. 本科/大专；E. 研究生及以上
	家庭年综合税后收入	A. 5 万元以下；B. 5～10 万元以下；C. 10～18 万元；D. 18～36 万元；E. 36 万元以上；F. 保密
	家庭每月用天然气（或煤气）费	A. 小于 50 元；B. 50～100 元；C. 大于 100 元
	家庭常住成员特征	A. 宅居；B. 夜猫子；C. 影视狂人；D. 游戏迷；E. 烘焙达人；F. 烹饪大师；G. 学生；H. 教师；I. 经常加班；J. 早九晚五族；K. 三班倒族；L. 经常出差

最终提取反映居民基本属性的重要标签有："家庭住房面积大""家庭人口数量多""家庭经济收入一般""受教育程度高""每月天然气（煤气）费用支出多""宅居"和"朝九晚五"。

2. 用能设备信息标签

居民的用能设备信息标签是指针对用能设备的构成和使用情况的标签，例如，居民的空调、热水器、各类厨房设备、办公娱乐设备、电动汽车等用能设备的数量和构成，通过对居民智慧用能服务标本库的梳理，用能设备信息标签如表 3－2 所示。

表3-2 用能设备信息标签表

用能设备信息标签	空调数量	A. 0; B. 1; C. 2; D. 3; E. 4; F. 5; G. 6; H. 大于6
	热水器数量 电热水器（即热式）、电热水器（储水式）、燃气热水器、空气能热水器、太阳能热水器	A. 0; B. 1; C. 2; D. 3; E. 4; F. 5; G. 6; H. 大于6
	主要用能设备数量 电热地暖（房间数）、洗衣机、冰箱、电视机、消毒柜、电取暖器	A. 0; B. 1; C. 2; D. 3; E. 4; F. 5; G. 6; H. 7; I. 大于7
	其他主要用能设备拥有情况 （燃气灶、电饭煲、高压锅、微波炉、电磁炉、洗碗机、电烤箱、蒸箱、烤箱、油烟机、热带鱼缸、扫地机、吸尘器、电动汽车）	有/无
	办公娱乐设备 （台式电脑、手提电脑、投影仪、音响、跑步机、打印机、烘干机、游戏机）	有/无
	近三年有无意向购买电动汽车	有/无

因此，总结得到用能设备维度的居民用能标签体系有："空调高度依赖者""热水器高度依赖者""电动汽车持有者""家庭用能设备数量多""电动汽车潜在购买用户"。

3. 生活方式信息标签

居民的生活方式信息标签是指针对居民具体用能行为的标签，反映了居民对各类能源的使用，例如供暖使用的能源、烧菜使用的能源、生活用水（洗澡）的加热方式、空调和热水器使用时段情况（主要针对夏季）、夏季空调设置的温度范围等，从而掌握居民的用能行为习惯，并据此提供针对性的节能分析。通过对居民智慧用能服务标本库的梳理，生活方式信息标签如表3-3所示。

表 3-3 生活方式信息标签表

生活方式信息标签	主要供暖能源	A. 中央供暖（小区统一供暖，不计入家用电表或气表等能源）；B. 电力（空调、电热器等）；C. 煤、炭；D. 天然气；E. 可再生能源（如太阳能、空气能等）；F. 其他
	烧菜利用的能源	A. 电加热；B. 煤气；C. 天然气；F. 其他
	生活用水（洗澡）加热方式	A. 电热水器；B. 燃气热水器；C. 太阳能热水；F. 其他
	空调使用时段（夏季、工作日）	A. 上午；B. 中午；C. 下午；D. 晚饭至睡前；E. 睡觉时间；F. 不开启空调
	空调使用时段（夏季、休息日）	A. 上午；B. 中午；C. 下午；D. 晚饭至睡前；E. 睡觉时间；F. 不开启空调
	夏季空调设置温度范围	A. 20 以下；B. 20~23；C. 24~25；D. 26~27；E. 28 以上；F. 不开启空调
	热水器工作方式	A. 常开；B. 不常开
	电动汽车充电时间段	A. 上午；B. 中午；C. 下午；D. 晚上

因此，总结得到生活方式维度的居民用能标签体系有："电能高度依赖者""空调常开用户""对室内温度敏感者""天然气、煤气高依赖用户""电热水器洗澡偏好者""电动汽车晚间充电者"和"热水器常开者"。

4. 节能观念信息标签

居民的节能观念信息标签是指针对居民参与节能相关活动，实施节能相关举措意愿程度的标签，例如对安装免费智能插座的意愿、对家电统一智能控制的意愿、查看电费账单的频率、每月愿意接受的电费金额、是否有节约用电的习惯等，从而掌握居民对于节约能源相关概念的了解程度、参与节能活动的积极性，最终有效促进居民智慧用能服务的开展。通过对居民智慧用能服务标本库的梳理，居民的节能观念信息标签如表 3-4 所示。

表 3-4　　　　　　　　　　节能观念信息标签表

节能观念信息标签	是否愿意安装免费智能插座	A. 愿意；B. 不愿意
	在用电高峰时段，是否愿意家用电器统一智能控制	A. 愿意；B. 不愿意
	查看家庭电费账单频率	A. 经常查看；B. 偶尔查看；C. 不查看
	理想每月支付电费	A. 0~60元；B. 60~110元；C. 110~200元；D. 200元以上
	平时是否有节约用电的习惯	A. 为节约用电，已经做了很多；B. 想节约用电，但不知道如何做；C. 无节约用电习惯
	知晓邻居家庭电费情况是否会影响自家用电行为	A. 会受影响，下个月电费会增加；B. 会受影响，下个月电费会减少；C. 不会受到任何影响
	理想每月减少电费	A. 不用改；B. 0%~5%；C. 5%~10%；D. 10%~20%；E. 20%~30%；F. 超过30%
	是否了解"电力缺口"概念	A. 知道；B. 不知道
	如果提供有偿回报，是否愿意在用电高峰时段主动减少用电	A. 愿意；B. 不愿意
	您最希望获得以下哪一个回报	A. 电费红包；B. 生活小礼品；C. 用能分析服务；D. 家庭用电故障等咨询；E. 家庭电力维修服务；F. 其他（自定义）
	未来您期望获得哪些用能服务	A. 家庭电、水、气使用故障维修；B. 家用电器能耗分析；C. 家庭用能（电）区域排名；D. 节能设备安装、设备改造；E. 家庭用能建议；F. 电动汽车充电服务；G. 其他
	您家里装有哪些厂商的智能家电设备	A. 无；B. 小米；C. 华为；D. 阿里；E. 海尔；F. 京东；G. 格力；H. 其他
	近三年，您家有意向购买哪些智能家电（可实现远程控制）	A. 空调；B. 电视；C. 洗衣机；D. 冰箱；E. 热水器；F. 电取暖器；G. 厨房用电；H. 照明系统；I. 安防/门禁管理系统；J. 语音控制系统；K. 其他；L. 无意向
	您家庭每年电、水、气使用故障维修服务预算	A. 0~200元；B. 200~500元；C. 500~1000元；D. 大于1000元

因此，总结得到节能观念维度的居民用能标签体系有："用电大户""节能达人""智能插座潜在客户""需求响应参与偏好""账单查询偏好""电力知识匮乏""智能家电（可实现远程控制）偏好""家电故障维修费预算低"。

综上，得到居民用能识别静态标签体系如图 3-2 所示。

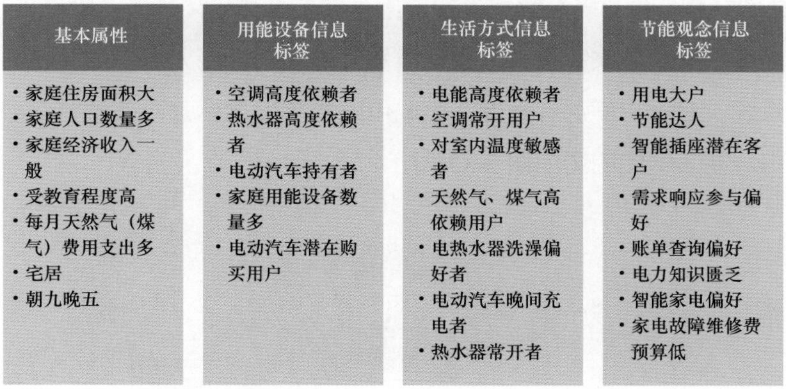

基本属性	用能设备信息标签	生活方式信息标签	节能观念信息标签
·家庭住房面积大 ·家庭人口数量多 ·家庭经济收入一般 ·受教育程度高 ·每月天然气（煤气）费用支出多 ·宅居 ·朝九晚五	·空调高度依赖者 ·热水器高度依赖者 ·电动汽车持有者 ·家庭用能设备数量多 ·电动汽车潜在购买用户	·电能高度依赖者 ·空调常开用户 ·对室内温度敏感者 ·天然气、煤气高依赖用户 ·电热水器洗澡偏好者 ·电动汽车晚间充电者 ·热水器常开者	·用电大户 ·节能达人 ·智能插座潜在客户 ·需求响应参与偏好 ·账单查询偏好 ·电力知识匮乏 ·智能家电偏好 ·家电故障维修费预算低

图 3-2　居民用能识别静态标签体系

同一个居民客户可能具有某一种或多种维度的标签，同时可能具有某一维度下的某一个或多个标签，组合随机。举例来看，如果一个居民用户同时具有"家庭住房面积大""家庭人口数量多""受教育程度高""宅居""电能高度依赖者""空调常开""热水器常开""节能需求大""有偿回报下需求响应参与偏好"和"智能家电（可实现远程控制）偏好"等一个或者多个标签，可以分析得到该用户是参与电力需求响应的潜在用户。同时，一个用户具有"电动汽车持有者"或"电动汽车潜在购买用户"标签，可以为用户提供电动汽车相关用能服务。

3.2.2　用户动态信息标签

用户动态信息标签需要对已有的基础数据进行语义分析、聚类等数据挖掘，从而生成用户动态信息标签。对于较为简单的动态信息标签，利用语义拆分以及一般的业务数据口径定义来生成；对于较为复杂的动态信息标签，通过相关数据来寻找客户特征属性、业务特征等属性，利用聚类等数据挖掘算法以及模型，根据不同用户计算相互间的近似程度，从而将相似度相近的用户聚为一类，最终生成动态信息标签。

动态信息标签建立的步骤是：首先，根据业务需求，选择合适的模型及算法进行调研，收集相关的数据；其次，在建模阶段，根据业务特点，获取样本数据、变量数据，在数据验证过程中，对数据进行清洗，再进行简单的统计分析，数据归一化，并对多维数据进行降维处理，通过分类算法对用户进行分类，将用户的标签抽象出来；最后通过聚类算法等数据挖掘方法，结合建立的信息化标签系统，对用户群进行画像，生成用户的个性化标签，效果验证后可进行应用推广。其基本流程图如图 3-3 所示。

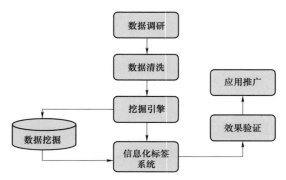

图 3-3 动态信息标签建立流程图

居民用能识别动态标签是通过对用户信息的分析挖掘而成，包含用户的行为偏好、服务偏好、使用偏好等，为保持与居民用能静态标签体系数据来源的统一性，居民用能动态标签体系的分析数据同样来自居民智慧用能标本库的上述样本家庭。基于 HPLC 智能电能表，每 15min 获取一次用户的用电负荷数据，从而得到用户的日负荷曲线。为研究样本家庭的典型用电行为，选取夏季典型周的负荷曲线作为研究重点，具体日期为 2019 年 8 月 15 日（周四）至 2019 年 8 月 21 日（周三），研究周期共计 7 天。

利用聚类算法对居民动态用电数据进行聚类处理，得到的各类别聚类处理结果如图 3-4 所示。

A 类：用电量在五类用户中处于较低水平，用电负荷规律分布在 0.266～1.149kW 之间。在工作日和双休日期间，均于 12 时左右和 21 时左右出现用电高峰，工作日的晚高峰用电负荷约是午高峰的 1.68 倍，休息的晚高峰用电负荷约是午高峰的 1.65 倍，由此可见周末的晚高峰与午高峰的相差倍数小于工作

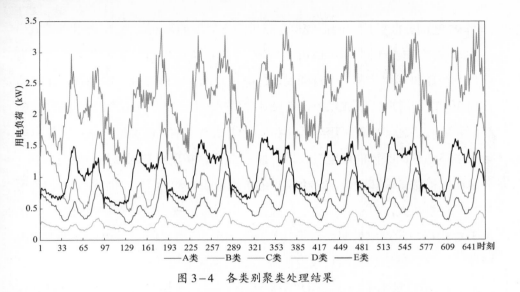

图 3-4 各类别聚类处理结果

日的两者之差，但是两者数值差距不大。从周四到周日晚高峰的数值逐渐增加，从周日到周三的晚高峰数值逐渐减小，用电在周日 21 时出现最大值。A 类用户晚高峰作息较为规律，午间的高峰可能是由于家中做饭导致，晚间一直持续到凌晨的高峰可能是由于开启空调制冷导致。工作时间家里的负荷水平较低，可能为上班族家庭，中午和晚上居家。虽然 A 类用户的晚间用电负荷不高，但是 A 类用户的占比最大，约为 40%，因此需求响应潜力总量较大。

B 类：用电量在五类用户中处于中等水平，用电负荷规律分布在 [0.459kW，2.171kW] 之间，B 类用户的用电曲线形状类似 A 类用户。在工作日和双休日期间，与 A 类用户类似，均于 12 时左右和 21 时左右出现用电高峰，工作日的晚高峰用电负荷约是午高峰的 1.82 倍，休息的晚高峰用电负荷约是午高峰的 1.89 倍，与 A 类用户类似，周末晚高峰与午高峰相差倍数小于工作日，但是 B 类的值明显大于 A 类用户，因此 B 类用户的午晚高峰相差较大。晚高峰的数值从周四到周日逐渐增加，从周日到周三缓慢减小，用电在周日 21 时出现最大值。B 类用户午、晚高峰的用电量均比 A 类用户更大，尤其是晚高峰，因此 B 类用户在晚高峰时存在较大的电力削减潜力。

C 类：用电量在五类用户中处于最高水平，用电负荷规律分布在 1.17～

3.48kW 之间。C 类用户的曲线也是呈现"双峰"的形式，与 A 类用户类似均于 12 时左右和 21 时左右出现用电高峰，但是 C 类用户的用电曲线形状与 A 类用户有明显的不同。在工作日期间，C 类用户的午高峰略低于晚高峰，在双休日期间，C 类用户的午高峰和晚高峰几乎持平，相差不大。虽然 C 类用户在午高峰和晚高峰之间出现了用电"低谷"，但是总体来说，C 类用户在白天的用电量水平不低且比深夜的用电量大，可能是由于 C 类用户白天家里一直有人在，并且在家里做午饭和晚饭。C 类用户的占比最少，约为 2%，因此虽然 C 类用户的用电量较大，但是总量较小，因此不适宜参加规模性的需求响应。同时，由于 C 类用户的用电量明显高于其他类别的用户，可以向 C 类提供针对性的用能诊断服务，帮助 C 类用户减少能源支出，改善用能结构。

D 类：用电量水平在五类用户中最低，用电负荷规律分布在 0.138~0.453kW 之间，用电曲线的波动很小，峰谷用电负荷差距不明显，用电比较平缓。在工作日期间，午高峰在 10:30~13:30 之间，无明显峰值，21 时左右出现用电晚高峰。在双休日期间，21 时左右用电负荷较高，整体用电比较平均。周末的整体用电量比工作日用电量大，一周用电负荷峰值出现在周日 21 时左右。晚间高峰可能是由于开启空调制冷导致，午间高峰不明显，可能是因为大部分家庭成员为上班族类型，晚上才陆续回家，且回家时间较晚，于晚上使用用电设备，或者 D 类中包括了一些长时间空置房用户致使用电量水平低。总而言之，虽然 D 类用户占比较高，但是由于整体用电量较小，其需求响应潜力的总量也较小。

E 类：用电量在五类用户中处于中等水平，用电负荷规律分布在 0.542~1.636kW 之间，E 类用户的用电曲线形状类似 C 类用户。曲线呈现"双峰"的形式，于 11 时左右和 20 时左右出现用电高峰，出现高峰的时间早于其余几类的用户，可能是家庭构成中老年人居多，作息规律，起床、吃饭和休息的时间早。E 类用户的用电曲线在工作日和双休日期间出现了午高峰略高于晚高峰的情况，与 C 类用户类似的是，E 类用户在午高峰和晚高峰之间出现用电"低谷"的，但是总体来说，E 类用户在白天的用电量一直处于较高水平。E 类用户在双休日的用电量大于工作日的用电量，在双休日的低谷持续时间少于工作日的低谷持续时间。E 类用户很可能是经常有人在家，但是在家使用的用电设备不多，因此用电量水平中等。

因此总结得到居民用能识别动态标签体系，主要包括起居时间、电量消耗水平、负荷曲线特性、需求响应潜力等方面，如图 3-5 所示。

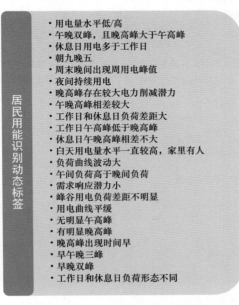

居民用能识别动态标签

· 用电量水平低/高
· 午晚双峰，且晚高峰大于午高峰
· 休息日用电多于工作日
· 朝九晚五
· 周末晚间出现周用电峰值
· 夜间持续用电
· 晚高峰存在较大电力削减潜力
· 午晚高峰相差较大
· 工作日和休息日负荷差距大
· 工作日午高峰低于晚高峰
· 休息日午晚高峰相差不大
· 白天用电量水平一直较高，家里有人
· 负荷曲线波动大
· 午间负荷高于晚间负荷
· 需求响应潜力小
· 峰谷用电负荷差距不明显
· 用电曲线平缓
· 无明显午高峰
· 有明显晚高峰
· 晚高峰出现时间早
· 早午晚三峰
· 早晚双峰
· 工作日和休息日负荷形态不同

图 3-5 居民用能识别动态标签

3.3 居民智慧用能服务场景的目标用户标签

在居民客户信息化标签体系的框架下，可对居民智慧用能服务标本库中的用户进行静态标签和动态标签识别，并分析各项具体服务场景的目标用户群体，建立场景与用户标签间的映射关系，系统回答何种特征的用户群体更适合于某一特定场景的问题，为居民智慧用能服务的精准落地提供策略支撑。例如，针对房屋面积大和家庭人口总成员数量多的家庭提供包括能效管理、节能诊断分析等的用能服务；对家庭高比例使用天然气或煤气的用户推进家庭电气化，合理改善居民客户用能结构，节省能源支出；针对有电动汽车的居民客户，可以提供与电动汽车相关的用能服务；针对有意愿购买电动汽车的居民客户，可以暂时提供与电动汽车租赁相关的用能服务。表 3–5 针对居民智慧用能服务场景，分别列出了其映射的潜在目标用户的信息化标签。

表 3–5　　　　居民智慧用能服务场景的目标用户信息化标签映射

居民智慧用能服务场景	目标用户信息化标签	
	静态标签	动态标签
家电安全预警	家庭用能设备数量多	用电量水平高
	智能家电（可实现远程控制）偏好	
家庭看护预警	独居	白天用电量水平一直较高，家里有人
	家庭经济收入一般	
智慧办电	账单查询偏好	工作日与休息日负荷差别不大
	用能排名结果偏好	休息日用电低于工作日
智慧复电	用能排名结果偏好	工作日与休息日负荷差别不大
	智能家电（可实现远程控制）偏好	休息日用电低于工作日
水电气联合账单	每月天然气（煤气）费用支出多	用电量水平低
	天然气、煤气高依赖	需求响应潜力小
	电热水器洗澡偏好	
智慧缴费	账单查询偏好	工作日与休息日负荷差别不大
	用能排名结果偏好	休息日用电低于工作日
维修保养	家电故障维修费预算低	
	家庭用能设备数量多	
家庭电气化	天然气、煤气高依赖用户	用电曲线平缓
	电热水器洗澡偏好者	
	热水器常开	
能效管理	用电大户	用电量水平高
	节能需求大	晚高峰存在较大电力削减潜力
	用能排名结果偏好	负荷曲线波动大

续表

居民智慧用能服务场景	目标用户信息化标签	
	静态标签	动态标签
需求响应	家庭住房面积大	朝九晚五
	家庭用能设备数量多	午晚双峰，且晚高峰大于午高峰
	有偿下需求响应参与偏好	晚高峰存在较大电力削减潜力
	晚间开空调	有明显晚高峰
光储充设施管理	电动汽车晚间充电	晚高峰存在较大电力削减潜力
	电动汽车潜在购买用户	负荷曲线波动大
电动汽车有序充电	电动汽车持有者	夜间持续用电
	电动汽车潜在购买用户	有明显晚高峰
	电动汽车晚间充电	
电力看民生	家庭经济收入一般	朝九晚五
	受教育程度高	白天用电量水平一直较高，家里有人
人口流动、务工返乡监测	家庭人口数量多	长期空置
		朝九晚五
精准广告投递	电动汽车潜在购买用户	夜间持续用电
	智能插座潜在客户	

在大规模居民智慧用能服务的推进过程中，对居民客户的信息获取无法达到居民智慧用能服务标本库中的精细化程度，一般只掌握居民客户的用电负荷数据和相关信息。因此，通过居民客户用电行为特征的分析和辨识，建立由用电数据辨识用户多元信息，是提高针对居民客户的个性化服务水平，大规模开展居民智慧用能服务的技术关键。在海量用电数据的驱动下，以分析用户用电影响因素为基础，挖掘用户用电行为规律，精准刻画用户用电行为特征，建立用户用电行为特征性、规律性、群体性、个体性等多元素画像，并建立潜在客户匹配模型，基于用户信息化标签体系实现由用电数据向用户特征外推。

4.1　居民用能行为分析模型

居民客户的家庭特征和用电行为习惯都具有高随机性和分散性，针对居民客户的电力负荷曲线，一般采用聚类算法形成典型的用户用能行为分析模式。聚类算法是一种无监督的机器学习方法，能够从海量数据中形成若干数据集合。已有不少研究采用不同的聚类方法对用户负荷曲线进行处理从而形成典型模式，如基于划分的 K-means 聚类、基于层次的聚类和基于密度的聚类、基于模糊的聚类、高斯混合模型（Gaussian mixture model，GMM）聚类等，但由于每个算法都有其特有的优化准则，适于特定的数据结构及簇形状，聚类效率、精度、稳定性及鲁棒性等性能往往难以兼顾。可通过集成聚类的方式最大程度的结合不同算法的优点，结合多个成员聚类算法的结果以得到性能更优聚类。

4.1.1　常用聚类算法及其评价

1. 常用聚类算法

（1）K-means 聚类算法。K-means 聚类算法通过计算样本与聚类中心之

间的距离来将样本划分到最近的一类中，随之更新聚类中心继续迭代。算法的
目标是使得所有样本与其对应聚类中心的距离（以 2 - 范数计算）之和最小：

$$\min \sum_{i=1}^{K} \sum_{x \in X_K} \|x - c_i\|^2 \tag{4-1}$$

式中：x 为样本向量；c_i 表示第 i 个类别中数据的均值。

（2）K - mediods 聚类算法。K - mediods 聚类算法对 K - means 聚类算法中
聚类中心的计算规则进行了修改，以取类别的中值代替取平均值，可有效降低
离群点对类别聚类中心的干扰程度。K - mediods 聚类算法目标函数中的距离则
是以 1 - 范数计算：

$$\min \sum_{i=1}^{K} \sum_{x \in X_K} |x - med_i| \tag{4-2}$$

式中：med_i 表示第 i 个类别中数据的中值。

（3）SOM 网络聚类算法、SOM（self - organization map，自组织映射）网
络是一种竞争学习型的无监督学习网络，具有自适应调整的特性，主要由输入
层和竞争层构成，通过模拟生物神经元之间兴奋、协调、抑制、竞争的作用来
进行信息处理。

SOM 网络聚类算法的思想是输出层各神经元竞争对输入模式的响应机会，
最后仅一个神经元成为竞争的胜者，获胜神经元即表示输入模式的分类。

（4）高斯混合模型聚类算法。高斯混合模型是一种用于对数据进行聚类的
概率模型。在高斯混合模型中，每个类别都由高斯分布构成，而每个样本 $\boldsymbol{x}_i$ 服
从的高斯混合分布是 K 个高斯分布的线性叠加。

对于给定数据集 $\boldsymbol{X}$，服从的高斯混合分布为：

$$p(\boldsymbol{X} \mid \boldsymbol{Q}) = \prod_{i=1}^{n} \sum_{j=1}^{K} w_j N(\boldsymbol{x}_i \mid \mu_j, \boldsymbol{\Sigma}_j) \tag{4-3}$$

取为对数似然函数：

$$\log p(\boldsymbol{X} \mid \boldsymbol{Q}) = \sum_{i=1}^{n} \log \sum_{j=1}^{K} w_j N(\boldsymbol{x}_i \mid \mu_j, \boldsymbol{\Sigma}_j) \tag{4-4}$$

式中：$\boldsymbol{\mu}_j$、$\boldsymbol{\Sigma}_j$ 和 w_j 分别为第 j 个高斯分布的均值、方差和权重。在给定分布函数后，根据数据集样本分布进行参数估计最终得到聚类结果。

2. 聚类有效性指标

聚类有效性指标通常用于评价一种聚类结果的质量从而选择合适的聚类数目。常用的聚类有效性指标包括误差平方和（sum of squared error，SSE）、Calinski–Harabasz 指标（Calinski–Harabasz index，CHI）、Davies–Bouldi 指标（Davies–Bouldin index，DBI）等。

其中，已有研究验证了 DBI 计算较为简单且变化范围小，适合作为电力负荷曲线聚类的有效性指标，因此本书选择 DBI 评价各算法的聚类效果，且根据有效性指标确定各算法在后续表决时的权重，使得聚类效果更好的算法在表决时有更高的话语权。

DBI 衡量类别内的紧密程度及类别间的互异程度，公式如下：

$$DBI = \frac{1}{K}\sum_{i=1}^{K}\max_{j\neq i}\frac{d(\boldsymbol{C}_i)+d(\boldsymbol{C}_j)}{d(\boldsymbol{c}_i,\boldsymbol{c}_j)} \qquad (4-5)$$

式中：$d(\boldsymbol{C}_i)$ 表示类别 i 中样本间平均距离；$d(\boldsymbol{c}_i,\boldsymbol{c}_j)$ 表示类别 i 和类别 j 的类别中心间距离，该指标的值越小，反映聚类效果越好。

4.1.2 基于居民用电特性指标的降维聚类

1. 特性指标选取

居民客户电力负荷曲线是颗粒度较为精细的时序数据，若直接作为算法输入，其高维度将使得算法中对距离测度的意义降低，从而影响聚类准确性。因此对电力负荷曲线的聚类一般首先提取其特性指标实现降维，分全天（00:00～24:00）、峰期（08:00～11:00，18:00～21:00）、平期（06:00～08:00，11:00～18:00，21:00～22:00）、谷期（22:00～24:00，00:00～06:00），选取 8 种常用日负荷特性指标，全面反映各类用户的用电特性。负荷曲线各指标定义和物理意义如表 4–1 所示。

表 4-1　　　　　　　　负 荷 曲 线 特 性 指 标

时段	特性指标	定义	物理意义
全天	负荷率	$a_1 = P_{ave}/P_{max}$	反映全天负荷变化
	最高利用小时率	$a_2 = \left[\int_0^{24} P(t)\mathrm{d}t\right]\Big/P_{max}$	反映时间利用效率
	日峰谷差率	$a_3 = (P_{max} - P_{min})/P_{max}$	反映调峰能力
	最大负荷出现时间	$a_4 = T_{max}$	—
	最小负荷出现时间	$a_5 = T_{min}$	—
峰期	峰期负载率	$a_6 = P_{ave\_peak}/P_{ave}$	反映峰期负荷变化
平期	平期负载率	$a_7 = P_{ave\_flat}/P_{ave}$	反映平期负荷变化
谷期	谷期负载率	$a_8 = P_{ave\_val}/P_{ave}$	反映谷期负荷变化

2. 数据预处理

智能电能表的数据采集过程是离散的，由此生成的居民负荷曲线一般有较大噪声，且受信号干扰、设备故障等异常情况的影响，往往含有缺失数据和异常数据。因此需对负荷数据进行数据预处理，剔除异常数据点、填补缺失值，并对曲线进行高斯平滑处理，如图 4-1 所示。

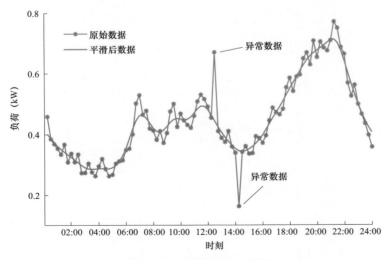

图 4-1　数据预处理示意图

3. 加权表决聚类

采用基于加权表决的集成聚类方法对居民负荷曲线降维聚类流程如图 4-2 所示。首先提取负荷数据的特性指标并进行数据预处理，随后各聚类算法独立工作分别得到聚类结果 $R_1, R_2, \cdots, R_H$，同时分别对每个聚类结果计算出聚类有效性指标：$DBI_1, DBI_2, \cdots, DBI_H$，对该指标序列生成加权表决集成中的权重向量 W。根据混淆矩阵对各聚类结果进行统一，并根据权重向量 W 加权表决，表决结果为全票的曲线标记为所在类别的典型用电模式，表决结果为非全票的曲线计算其对于各类别的隶属度，并根据生成的隶属度矩阵判断非全票曲线的所属类别，最终完成对所有曲线的加权表决集成聚类。

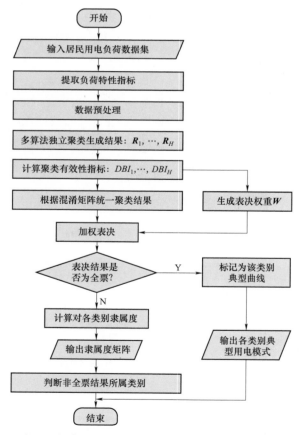

图 4-2 基于加权表决的集成聚类方法对居民负荷曲线降维聚类流程

4.1.3　基于加权表决集成聚类的用能行为分析

1. 统一聚类结果

H 种聚类算法 $A_h(h=1,2,\cdots,H)$ 独立工作，均将 N 个样本划分为 K 个类别，获得 H 组聚类结果 $R_1,R_2,\cdots,R_H$。考虑到每个样本均由 H 种聚类算法进行了类别标签划分，全部结果构成矩阵：

$$R=\left[R_1,R_2,\cdots,R_H\right]=\begin{bmatrix} r_1^1 & r_1^2 & \cdots & r_1^H \\ r_2^1 & r_2^2 & \cdots & r_2^H \\ \vdots & & \ddots & \vdots \\ r_N^1 & r_N^2 & \cdots & r_N^H \end{bmatrix} \qquad (4-6)$$

式中：　$r_i^h \in \{1,2,\cdots,H\}$ 表示聚类算法 A_h 对样本 i 划分的类别标签号。

由于聚类是一项无监督学习工作，因此不同聚类算法结果中的类别标签之间往往是不匹配的，比如聚类结果 R_1 中的类别 1 可能实际上与聚类结果 R_2 中的类别 2 最为接近，在进行加权表决的聚类集成之前，需要将 H 组聚类结果进行统一。

首先，选择 R_1 作为参考基准，随后分别构建结果 $R_h(h=2,3,\cdots,H)$ 与 R_1 之间的混淆矩阵 M_{1h}：

$$M_{1h}=\begin{bmatrix} m_{11} & m_{12} & \cdots & m_{1K} \\ m_{21} & m_{22} & \cdots & m_{2K} \\ \vdots & & \ddots & \vdots \\ m_{K1} & m_{K2} & \cdots & m_{KK} \end{bmatrix} \qquad (4-7)$$

该矩阵 M_{1h} 中的元素 $m_{ij}(i,j=1,2,\cdots,K)$ 表示 R_1 中类别 i 与 R_h 中类别 j 之间重叠的样本数量。具有对应关系的类别之间，重叠的样本数量一般为最大值，因此找出 M_{1h} 中每列 $m\cdot j$ 元素中最大值对应的行号 i_m，即表示 R_h 中类别 j 中样本的标签号均应更新为 i_m。当全部结果 $R_h(h=2,3,\cdots,H)$ 均与参考基准 R_1 统一化后，更新统一化结果矩阵 R_s。此时各列当中的类别标签号已具有相同含义，也即 H 种聚类算法（选民）对 N 个样本的原始表决结果记录。

2. 加权表决

参考加权表决投票的实际过程，H 位选民将各自独立表决每个样本属于类

别 $1, 2, \cdots, K$ 中的哪一类，考虑不同选民的权重影响后，可得到加权表决的集成聚类结果。

（1）全票样本形成聚类中心。某一样本 n 的统一化表决结果由矩阵 $\boldsymbol{R}_s$ 的第 n 行向量 $\boldsymbol{R}_{sn}$ 表示，若该行向量中元素均为 k，满足：

$$r_n^1 = r_n^2 = \cdots = r_n^H = k \qquad (4-8)$$

即 H 位选民一致表决该样本属于类别 k，则定义符合上式条件的样本为类别 k 的典型样本。

经过对全部样本的遍历，将每个类别的典型样本组成集合 $\boldsymbol{C}_k(k = 1, 2, \cdots, K)$，并以典型样本集合的均值 c_k 代表该类别聚类中心，用于表征该类别中样本的共同特征。

相比于单一聚类算法的聚类中心，本部分提出的采用全票表决样本形成聚类中心的过程中，摒弃了不同算法存在分歧的样本，隔离了部分离群点对均值的误差来源，从而提高聚类中心对类别特征的显著性和代表性。

（2）未全票样本形成类别隶属度。当样本 n 的统一化表决结果 $\boldsymbol{R}_{sn}$ 中出现分歧，存在 $l(2 \leqslant l \leqslant \min\{k, H\})$ 种类别标签号时，则根据不同聚类算法的有效性指标确定该选民的权重，加权后分别得到样本 n 对于这 l 种类别的隶属度。

步骤 1：确定表决权重向量 $\boldsymbol{W}$。

首先依据各聚类算法独立工作的聚类有效性指标 $DBI_h(h = 1, 2, \cdots, H)$，确定各聚类算法的表决权重 $w_h(h = 1, 2, \cdots, H)$，使有效性指标高的算法在表决过程中具有更高的话语权。

$$w_h = \frac{1}{DBI_h \sum\limits_{i=1}^{H} \dfrac{1}{DBI_i}} \quad (h = 1, 2, \cdots, H) \qquad (4-9)$$

计算每种聚类算法的表决权重 $w_h \in (0, 1)$，算法权重之和为 1，并组成表决权重行向量 $W = [w_1 \quad w_2 \quad \cdots \quad w_H]$。

步骤 2：确定表决结果判别矩阵 $\boldsymbol{D}_n$。

假设 $\boldsymbol{R}_{sn}$ 中 l 种类别得到的票数分别为：$L_{n1}, L_{n2}, \cdots, L_{nl}$，满足：

$$L_{n1}+L_{n2}+\cdots+L_{nl}=H \qquad (4-10)$$

定义表决结果判别矩阵 $\boldsymbol{D}_n$：

$$\boldsymbol{D}_n(k,h)=\begin{cases} 1 & r_n^h=k \\ 0 & r_n^h \neq k \end{cases} \qquad (4-11)$$

判别矩阵 $\boldsymbol{D}_n$ 是对表决结果 $\boldsymbol{R}_{sn}$ 的稀疏化，元素 $\boldsymbol{D}_n(k,h)$ 表示的含义为算法 A_h 针对样本 n 的表决结果是否为 k。

步骤 3：计算样本 n 对各类别的隶属度向量 $\boldsymbol{F}_n$。

样本 n 对于各类别的隶属度为：

$$\boldsymbol{F}_n = \boldsymbol{D}_n\boldsymbol{W}^T=\begin{bmatrix} f_n^1 & f_n^2 & \cdots & f_n^H \end{bmatrix}^T \qquad (4-12)$$

式中：f_n^h 表示样本 n 对于类别 h 的加权隶属度。矩阵 $\boldsymbol{F}_n$ 中的非零元素个数为 l。

非全票样本的聚类结果即为隶属度向量 $\boldsymbol{F}_n$，这一结果给出的是对各类别的模糊隶属度而不必指明确定的类别归属。但本书在处理后续问题时，根据隶属度最大值指定样本所属类别，并规定若某样本对各类别的最大隶属度不超过阈值 0.5，则认为该居民负荷的特性不明显，从而在构建典型特征库时剔除。

图 4-3 以一简单算例展示加权表决的计算过程。给定选民数量 $H=4$，聚类数目 $K=5$，并假定权重向量 $W=[0.30 \quad 0.35 \quad 0.20 \quad 0.15]$，图中统一化表决结果 R_{s1} 和 R_{si} 为全票，而 R_{sj} 结果为非全票，经过稀疏化得到判别结果矩阵 D_j，再加权得到隶属度向量 F_j。本例中样本 j 对类别 5 的隶属度最高。

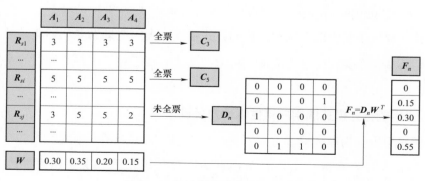

图 4-3 加权表决计算过程示意图

4.2 用能行为与用户信息化标签精准匹配

4.2.1 用能行为模式与用户标签映射分析

1. 多元 Logistic 回归模型

由于当因变量是二分变量或多分类变量时，采用最小二乘法估计线性概率模型不再具有最佳线性无偏估计的特性。Logistic 回归模型是专门适用于处理离散多分类变量的统计模型。Logistic 转换通过给定一个链接函数，将成功概率 p 转换为成功对失败的发生比率的对数：

$$\text{logit}(p_i) = \log\left(\frac{p_i}{1-p_i}\right) = \eta_i \tag{4-13}$$

对于一组自变量，可表示为其线性组合，并求出概率密度函数：

$$\text{logit}(p_i) = \eta_i = \sum_{k=0}^{K} \beta_k x_{ik} \tag{4-14}$$

$$p_i = \exp\left(\sum_{k=0}^{K} \beta_k x_{ik}\right) \bigg/ \left[1 + \exp\left(\sum_{k=0}^{K} \beta_k x_{ik}\right)\right] \tag{4-15}$$

其中，$\omega = p/(1-p)$，是 logit 的反对数 $\exp(\eta)$。对于某事件成功概率分别为 p_1 和 p_2 的两群体，其发生比率的相对比值为：

$$\theta = \frac{\omega_1}{\omega_2} = \frac{p_1/(1-p_1)}{p_2/(1-p_2)} = \frac{\exp(\beta_0 + b)}{\exp(\beta_0)} = \exp(b) \tag{4-16}$$

式中：b 为 logistic 回归系数。因此，在 logistic 回归模型中，对于二分因变量的解释，即采用发生比率相对比值的方式描述。当因变量为多分类变量时，一般选定其中一个类别为参考取值，再考虑其他类别相对于该参考类别的发生比率比值。

2. 用能行为模式的用户特性驱动力分析

居民用电行为模式受多方面因素综合影响，住宅类型、家庭收入、社会阶层、家庭人口数和家用电器设备拥有情况等。可根据居民智慧用能服务标本库包含的居民客户对应家庭特征，建立用电模式信息与家庭特征之间的潜在联系。

居民智慧用能服务标本库中的用户特性涉及居民基础信息、生活方式、用电设备和用电观念四个维度,作为自变量且均为分类变量。聚类的类别结果为因变量,是维度为 $[N×1]$ 的多分类结果,符合多元 Logistic 回归模型的问题形式。

引入回归模型时,每项自变量特征需给定参考选项,因变量类别也需给定参考类别。因此,回归分析结果中,各选项对因变量的影响程度均相对于该参考选项,各类别受到因变量的影响程度也相对于参考类别。

应用多元 Logistic 回归模型确定关键家庭特征对于不同用电模式的差异化影响,根据最小二乘法确定各项回归系数,通过 exp(b) 值显示每个自变量与每个用电类别的关联强度,并分别计算每个自变量的标准误差和显著性水平。标准误差表示解释变量内的变化,当样本规模较小将导致一些类别的标准误差很大。

4.2.2 潜在客户匹配模型

在通过大数据技术挖掘出居民动态标签与问卷反映的居民静态标签之间的映射关系之后,为了了解更大范围内居民的用能行为,构建潜在居民客户的匹配模型,在居民用能识别动态标签体系的基础上,根据用电数据确定动态标签,并根据研究得到的居民用能识别静态和动态标签关联关系确定静态标签特征,从而初步了解和掌握大范围居民的用能行为,获取更多的居民用能特征,进而提供针对性的居民智慧用能服务,在整体上粗略挖掘出潜在居民服务对象,缩小研究范围。

根据居民用能识别标签体系构建结果,动态标签实现了对样本典型用户用电行为特征的初始类别确定,并且通过对居民用能静态和动态标签映射关系的研究,挖掘各类别用电行为特征主要静态标签特征,建立了两者间的联系。针对标本库外的智慧用能服务潜在服务对象,由于缺乏问卷的调研,可以根据其用电特征,辨识其所属用电类别,确定标本库外潜在服务对象的动态标签特征,同时挖掘背后的静态标签特征,为全方面推广居民智慧用能服务提供依据。

神经网络在模式匹配方面的应用是解决这一问题的关键，模式匹配的含义是其具有在经常同时出现的模式之间学习其中关联的能力，提供网络输入，网络经学习后，对提供给它的相近输入会产生合理的反应。因此可以利用神经网络在模式匹配中的应用，根据用户的用电数据确定用户所属动态类别为五类用户中的哪一种，从而完成对潜在居民客户的模式匹配。

根据各辨识模型的实际数据算例验证，对比分析多种匹配模型的优劣势，最终选择学习向量量化（learning vector quantization，LVQ）神经网络作为本项目的模式匹配算法，建立基于 LVQ 神经网络算法的潜在居民客户匹配模型，如图 4-4 所示。具体步骤如下：

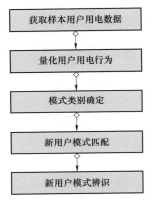

图 4-4 基于 LVQ 神经网络
算法的潜在客户匹配模型

（1）获取样本用户历史数据；

（2）进行用电行为特征量化；

（3）模式类别确定：也即根据 3.2.2 节居民用能行为动态标签对于样本居民典型用电行为的确定，运用改进 K-means 算法确定居民动态用能行为的初始类别；

（4）用电行为特征辨识：获取新用户的用电数据，根据其用电特征值，运用 BP 神经网络算法将用户匹配到初始类别中的其中一类；

（5）检验新用户的辨识结果：根据类间距离、类外距离，检验辨识结果。

选取 LVQ 神经网络算法作为潜在客户匹配模型的分类器。LVQ 神经网络是一种训练竞争层的有监督学习方法的前向神经网络。LVQ 神经网络由 3 层神经元组成，即输入层、竞争层和线性输出层。输入层与竞争层之间为全连接的方式，竞争层与线性输出层之间为部分连接方式。竞争层神经网络可以自动学习对输入向量模式的分类，但是竞争层进行的分类只取决于输入向量之间的距离，当两个输入向量非常接近时，竞争层就可能把它们归为一类。在竞争层的设计中，没有严格区别任意的两个输入向量是否属于同一类。而对于 LVQ 神经网络，用户指定目标分类结果，网络通过监督学习，完成对输入向量模式的准确分类。

算法的基本思想是：计算距离输入向量最近的竞争层神经元，从而找到与之相连接的线性输出层神经元，若输入向量的类别与线性输出层神经元所对应的类别一致，则对应的竞争层神经元权值沿着输入向量的方向移动；反之，若两者的类别不一致，则对应的竞争层神经元权值沿着输入向量的反方向移动。

以已有用户样本的数据作为输入量，五个类别经过 0－1 编码后作为输出量训练 LVQ 神经网络。训练完成之后，将新用户的用电数据输入 LVQ 神经网络，将该用户辨识至初始类别中的某一类。采用多次训练的方式来减小网络训练的随机性，设置训练次数为 10 次，单次训练迭代次数为 50 次，学习速率为 0.2，最小误差为 0.01，当网络误差小于 0.01 时，中断训练并将该网络作为分类器，否则持续训练，选择 10 次训练中误差最小的网络作为分类器。

居民需求响应

第 5 章

　　针对居民客户的需求响应是居民智慧用能服务的重要业务场景，对于充分调用居民客户侧响应资源，提高电网友好互动水平具有重要意义。而居民客户用电特性往往与用户的人口规模、经济水平、节能意识、居住面积、用能习惯等息息相关，具有明显的个体差异性，无法用特定的数学模型来精准刻画居民的特征。本章针对开展居民需求响应中涉及的关键技术，介绍居民负荷精准聚合与分解方法和实施效果评估方法，并以此为基础介绍一种居民需求响应策略自学习优化模型。

5.1　居民负荷精准聚合与分解

　　随着物联网技术在居民侧的推广普及以及居民电气化水平的持续提升，居民用电比重持续增加，使得居民负荷资源成为一种有价值的可参与电网调节的需求侧资源。

　　关于居民负荷参与需求响应的模式，总结近年来国内外的实践经验，可以概括为 2 种典型模式：直接参与模式与间接参与模式。直接参与模式以电网发出需求响应邀约时，居民用户通过主动调整家庭用电负荷响应电网需求，适合的对象为安装了 HPLC 智能电能表或已实现智能家居的居民客户。间接参与模式以基于第三方服务商的需求响应模式为代表，如负荷聚合商、能源服务商等。在此类参与模式中，居民负荷被第三方服务商整合为一个聚合资源体，以单独的聚合资源体参与 DR 市场中的需求响应活动。

5.1.1　居民负荷精准聚合方法

　　负荷聚合指的是根据外界环境或运行目的，通过一定的数学技术手段将大量需求侧资源整合为一个可调容量大、控制简单的聚合体。从系统调度来看，负荷聚合是实施需求响应、调用负荷侧资源的必然要求。而单个可控负荷功率较小，在系统中分散存在，具有随机性特征，无法直接被系统调用。因此，需通过负荷聚合技术将数量庞大的单个用户侧可控负荷聚合为一个或多个调度方式灵活、调度潜力巨大且调度方式灵活的聚合体，可以参与电网调度。在电力市场改革的背景下，合理高效的负荷聚合技术已成为负荷聚合商的核心竞争力之一，选择合适的用户负荷作为聚合对象，充分挖掘负荷侧响应潜力的同时提供多种辅助服务，可将负荷资源的经济价值最大化。

传统的负荷聚合是对负荷的综合分析得出负荷的外部特性，便于电力系统建模分析。负荷聚合建模是将大量散布的负荷集中建模，从而建立相应的数学模型，形成一个被系统调用的聚合体。常用的聚合方法包括以下几种。

1. 基于参数辨识

空调、冰箱、热水器等温控负荷具有与电动机负荷相似的负荷特性，因此可通过基于参数辨识的聚合方法，利用电动机的聚合模型来表征这类负荷的聚合模型。基于参数辨识的负荷聚合方法是一种被动的聚合，主要是针对空调、冰箱、热水器等温控负荷在参与系统调压时的聚合方法，其本质上是求取电网中大量空调类（热水器、冰箱等）负荷的等效电路。

2. 基于蒙特卡洛模拟

蒙特卡洛模拟方法主要应用于负荷物理模型参数的抽样，传统的基于蒙特卡洛模拟的聚合方法步骤为：首先对负荷物理模型参数进行抽样，一般取正态分布、均匀分布等，然后建立负荷聚合模型。传统的基于蒙特卡洛模拟的聚合方法不考虑参数分布对聚合负荷动态特性的影响，仅限于单一地区的负荷聚合。在此基础上，有研究提出了根据不同地理位置下参数分布的差异性提出分区负荷聚合方法，建立多区域空调负荷的聚合模型。首先根据大数定律聚合参数分布特性相似的同一区域的负荷，其次在各区域聚合结果的基础上进行二次聚合，得出多个区域聚合负荷的平均运行状态及总的功率需求。

基于蒙特卡洛模拟的负荷聚合方法适用于负荷数量极多的场景，负荷越多，其聚合模型越精确。但这种聚合方法通常只能得到聚合负荷的温度、工作状态的概率分布及总的功率需求，无法得出聚合负荷参与系统运行可提供的容量。

3. 基于马尔科夫链

马尔可夫链是指具有马尔可夫性质的离散时间随机过程，该过程中事件未来状态与历史状态无关，可以根据当前信息预测未来的发展过程，目前已广泛应用于电力系统多个方面。温控负荷具备马尔可夫性，即负荷下一时刻的工作状态只与当前工作状态有关，因此在温控负荷的聚合中比较多见，可以基于负荷信息得到马尔可夫状态转移矩阵，采用马尔可夫模型推导出电冰箱、电热水器、空调等温控负荷温度概率密度的变化过程，从而建立大量温控负荷的聚合模型，并通过预测控制器来控制负荷功率需求。

电力系统中一些负荷无时无刻不在变化，造成负荷资源的随机性和波动性，该类负荷聚合模型通常为一个随机变化的动态系统。基于马尔可夫链的聚合方法能够对负荷聚合模型的状态进行预测，提高计算聚合负荷的功率需求的精确性。

5.1.2 聚合对象控制方式

聚合负荷参与系统运行的控制方式可分为两种：刚性负荷控制和柔性负荷控制，其中刚性负荷控制指的是直接全部或部分关停负荷；柔性负荷控制指的是通过改变设备运行参数、运行模式等调整负荷的出力，达到部分削减负荷的目的。

将用户侧可控负荷整合为一个聚合体后，其参与系统运行的控制方式主要可分为：集中控制和分布式控制。

（1）集中控制是指负荷控制中心直接将控制指令进行分解，并直接将控制信息发送至聚合体中的各用户侧可控负荷。这种控制方式对信息的实时性、保密性、安全性的要求都较高，需要在负荷控制中心及用户侧可控负荷之间铺设专用的电力信息传送通道。

（2）分布式控制是指在用户侧可控负荷上安装智能控制设备，该控制设备结合负荷控制中心发送的指令及负荷当前状态，生成自己的控制信号。分布式控制方式不涉及负荷控制中心及用户侧的双向通信机制，避免了通信过程中的复杂性、不可靠性等不利因素。但此类控制方式无法准确提供当前时刻所需的容量，易造成响应容量不足或过量响应的情况。

5.1.3　聚合负荷参与需求响应策略优化目标

在完成对负荷进行数学建模后，需要在此基础上借助一系列的优化算法及数学工具，从用户侧负荷中选取可调负荷进行聚合，从而使得某项指标达到最优。目前主动负荷聚合模型的优化目标主要分为以下几个方向。

1. 经济指标最优化

负荷聚合商通过签署合同将大量散布的单个用户侧需求响应资源进行聚合，参与电网供需互动。在电网层面，负荷聚合商通过提供需求响应资源从而获得收益；而在用户层面，负荷聚合商需要向用户支付激励费用。基于经济指标最优化的负荷聚合是指负荷聚合商通过对用户侧负荷进行聚合使其成本最小化、利益最大化等，并能满足电网调度需要。以成本最小化为优化目标建立负荷聚合模型，并满足系统需求。

2. 实际出力偏差最小

在每次需求响应前，负荷聚合商从上级调度部门获取负荷缺额并制订负荷增加/削减目标。根据负荷的数学模型和控制方式确定各个负荷的需求响应潜力，负荷聚合商对辖区内的负荷进行优化聚合，使得最终负荷出力最大限度地逼近负荷增加/削减目标。针对参数相同或相近的空调（热水器等）负荷，可以实际负荷值与目标负荷值之差最小为优化目标建立空调（热水器等）负荷的聚合模型，以可控负荷运行状态为决策变量，考虑人体舒适度及生活习惯约束，将空调（热水器等）负荷聚合为多个小组，并通过柔性控制聚合负荷出力。

3. 用户满意度最高

用户参与需求响应的意愿主要与自身功率需求及收益有关，因此，可建立基于需求特性、收益等的预期目标函数，在此基础上对负荷进行聚合，使得负荷调度量满足系统需求，并使得用户的满意度最大，从而提高电力用户参与电网供需互动的可靠性。

5.1.4　居民需求响应指令快速分解

负荷聚合模型的运行控制是一个多变量、多目标、非线性的动态随机控制模型。由于负荷聚合体存在调节潜力极限值，当调度部门下达的控制指令等于该最大调节潜力时，负荷的控制方式具有唯一性，即负荷均以最大调节量参与调度；但当控制指令小于最大调节潜力时，就存在多种负荷控制方式，需要将邀约或控制指令分解至单个用户，且每个用户的控制指令可能不相同。因此，如何根据用户的用电意愿、响应容量、控制成本、调控精度等因素对电网调度部门下发的控制指令进行分解，通过集中控制或分布式控制方式实现对大量负荷的有效控制，使得控制结果满足经济指标最优、用户满意度最高等目标。

5.2 居民需求响应实施效果评估

从居民需求响应实施效果评估的角度对用户的激励补偿及响应性能评价是实施需求响应项目所需解决的首要问题，而其中的关键环节是对需求响应效果进行识别。用户基线负荷计算是定量评价居民客户负荷减少程度，双重差分法是从政策角度对居民需求响应效果进行评估的主要方法。本节总结了居民需求响应实施评估的方法，并根据不同用户的用电特性分析各方法的优劣性，实现对居民需求响应实施效果的评估。

5.2.1 基线负荷法

用户基线负荷（customer baseline load，CBL）是指根据用户的历史负荷数据估算出的一条负荷曲线，反映用户在未参与需求响应时的用电需求。准确的用户基线负荷的计算是对需求响应项目实施机构参与用户进行补偿及罚款费用结算的重要前提。通过基线计算，公正评价用户的需求响应性能，从而对用户进行经济奖励或惩罚，促使更多的用户参与到需求响应中来，实现电力系统经济可靠运行。

用户基线负荷与实时监测到的负荷数据进行对比得到的负荷削减量，准确的用户基线负荷预测可为电力市场决策提供指导，为定量评价各种电力需求响应项目对用户负荷的减少程度提供依据，用户基线负荷曲线如图 5-1 所示。

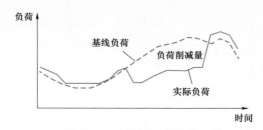

图 5-1　用户基线负荷曲线

用户基线负荷的计算涉及三个基本要素：历史数据选择原则、计算方法和调整方法。其中，历史数据选择原则是选择参与基线负荷估算数据的依据；计算方法是指对参与运算的数据采用的运算方式，常见方式有基于历史典型日负荷的平均值法、基于气温的回归法以及基于数据挖掘的聚类法；调整方法是对某些特殊情况造成的影响进行计算，一般选择事件前若干小时的负荷对基线负荷进行修正。

1. 平均值法

平均值法将需求响应事件日前 N 天同一时段负荷值的均值作为基线负荷，它仅对历史负荷数据进行统计、分析及运算，未考虑当前信息对基线负荷的影响。虽然该方法精度相对较低，但由于该方法简单、透明而受到广泛采用。常用的平均值法包括以下几种：

N 天简单平均值法：用事件日前 N 天可采纳日的逐时负荷的均值来预测事件日的各个时段的负荷，一般来说，N 取 10。

N 天加权平均值法：对事件日前 N 天可采纳日的逐时负荷加权求平均，一般越靠近事件日的加权因子越大，反应离预测日越近的历史日对基线负荷的影响越大，与负荷变化规律相吻合。

N 天中最高 M 天的平均值法：对事件日前 N 天可采纳日的逐时负荷，选出其中前 M 个平均负荷最高的日期，对这 M 个日期计算平均值。

2. 回归法

回归法考虑了外部因素对用户基线负荷的影响。对于某些用户负荷来说，其日负荷曲线与日平均（最高）温度曲线的变化趋势和波动特性存在明显的相似性,因此可将温度作为回归分析的自变量来预测基线负荷。在外部数据充分的情况下,也可采用多元回归分析,将分时电价、天气状况、其他需求响应事件等因素作为自变量。

3. 聚类法

近年来,以聚类法为代表的数据挖掘方法开始应用到基线负荷的计算中。对历史负荷数据进行最佳聚类后,逐个计算预测日事件时刻前各个时段与各个聚类中心的欧式距离,距离最小者即为预测日所属的类别。确定事件日负荷曲线所属的类别后,将该类别的典型负荷曲线,即聚类中心也看作一个历史数据,作为用户在此类情况下的某些共同特性的反映。

5.2.2 双重差分法

双重差分模型(difference-in-differences,DID)主要用于政策的效果评估中,适合对需求响应政策进行评估。其原理是利用一个反事实的框架来评估电力需求响应政策发生和不发生这两种情况下用电量的变化。如果实施需求响应政策将用户分为两组——参与需求响应项目的组(实验组)和未参与需求响应项目的用户(对照组)。在参与需求响应项目之前,两个组的用电量没有显著差异。那么就可以将对照组在政策发生前面的用电量变化看作是实验组没受到需求响应政策冲击时的状况(反事实的结果)。通过比较实验组用电量的变化(D_1)和对照组的用电量变化(D_2),我们就可以得到需求响应政策冲击的实际效果($DD=D_1-D_2$)。

双重差分法的基本思想是通过对政策实施前后对照组和实验组之间差异的比较构造出反映政策效果的双重差分统计量,将其转化为简单的模型,如式(5-1)所示,此只需要关注交互项的系数,便可得到双重差分下的政策净效应。

$$Y_{it} = \alpha_0 + \alpha_1 du + \alpha_2 dt + \alpha_3 du \cdot dt + \varepsilon_{it} \tag{5-1}$$

式中:du 为分组虚拟变量,若个体 i 受需求响应政策实施的影响(参加需求响应项目),则个体 i 属于实验组,对应的 du 取值为 1;若个体 i 不受需求响应政策实施的影响(不参加需求响应项目),则个体 i 属于对照组,对应的 du 取值为 0。dt 为政策实施虚拟变量,政策实施之前 dt 取值为 0,政策实施之后 dt 取值为 1。du·dt 为分组虚拟变量与需求响应政策实施虚拟变量的交互项，其系数 α_3 就反映了需求响应政策实施的净效应。

从双重差分模型设置来看，要想使用双重差分的方法必须满足以下两点：① 一次性全铺开的政策不适用于双重差分法的分析，必须存在一个具有试点性质的需求响应政策冲击，才能找到实验组和对照组；② 有实验组（参加需求响应用户）与对照组（未参加需求响应用户）前后的用电数据。

双重差分的思想可以通过图 5-2 来体现。图中红色虚线表示的是假设需求响应政策并未实施时参与需求响应项目用户的用电发展趋势。实际上，图中也反映出了双重差分最为重要和关键的前提条件：共同趋势（common trends），也就是说，参与需求响应项目的用户和未参加需求响应项目的用户在政策实施之前必须具有相同的用电趋势。

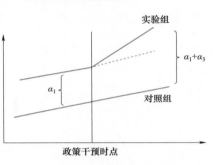

图 5-2 双重差分的思想

5.3 居民需求响应策略自学习优化

居民需求响应措施面向的用户群体为居民用户，此类用户较为分散，响应参与程度具有随机性、时滞性、预测难度大等特点。用户与响应行为的不确定性是负荷聚合商针对某次需求响应事件的策略制订过程中需重点关注的问题。

激励水平是电网公司或负荷聚合商向响应用户发放的补贴单价，邀约比例是对所掌握的居民需求响应资源的调用比例，即邀约的用户数量占全部用户比例：

$$\alpha_n = \frac{N_n^{\mathrm{DR}}}{N} \times 100\% \qquad (5-2)$$

式中：N_n^{DR} 为邀约的用户数量；N 为掌握的资源用户总数量。

对于给定的削减负荷目标，邀约比例是在多次 DR 事件期间策略优化调整的重要参数，而居民负荷及其响应行为模型是具有大惯性和不确定性的系统，可通过多次试验确定优先级队列中邀约比例与预期削减负荷量间关系。

这两项策略参数的选取对于需求响应事件能否达到预期目标并合理控制需求响应成本，最大化各方收益具有重要意义。

5.3.1 用户激励弹性建模

居民客户在需求响应事件中的响应行为与激励水平符合消费者心理学理论。传统的用户消费心理曲线如图 5-3 所示，反映了用户用电行为与电价之间

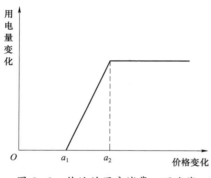

图 5-3 传统的用户消费心理曲线

的关系：价格相对较高时，用户会减少用电；价格相对较低时，用户会增加用电。此外，价格变化比较小时，用电量的变化也较小；价格变化较大时，用电量的变化也较大。电价对用户的刺激必须在一定的强度和幅度的范围内，即用户只有在一定的刺激强度范围内才能对电价做出反应。引起反应最小（最弱）的刺激值为下阈值，可被感知的最大（最强）刺激值为上阈值。在下阈值范围内，刺激用户难以改变其用电行为，用户无反应或反应较小。此外，价格对用户的刺激存在一个饱和值，超过该数值，用户对刺激基本无反应。有阈值的用户消费心理曲线如图 5-3 所示。

基于用户消费心理曲线，建立需求响应事件中的用户激励弹性模型，激励水平从群体参与率和个体响应程度两方面影响用户行为，基于居民智慧用能服务标本库中的居民历史数据建立用户激励弹性模型。

1. 响应度激励弹性

计及不确定性的用户响应度激励弹性曲线如图 5-4 所示，激励水平为 0 时，用户有响应，但随机性较大；随着激励水平增大，具备潜力的用户倾向于减少用电（由于随机性带来的增加用电的可能性降低），期望负荷削减量增加，波动范围降低；当激励水平到达临界的 x_i^0 时，用户不再增加用电；当激励水平

达到饱和 $x_i^{\max}$ 时，用户期望负荷削减量达到最大且波动范围几乎不变，用户最大的响应潜力均已被挖掘。

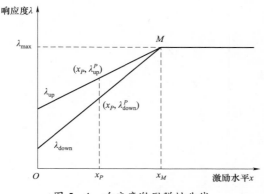

图 5-4　响应度激励弹性曲线

针对个体用户的均匀分布表述能够反映整体负荷集中分布的特点，近似采用均匀分布描述某一激励水平下用户响应的不确定行为。

2. 参与率激励弹性

在基于居民智慧用能服务标本库的负荷聚合试验中，根据历史需求响应事件中不同类别的用户参与率对试验用户的参与情况进行建模，该试验中只考虑了在同一激励水平下的参与率情况。实际中，群体用户的参与率与激励水平也符合消费者心理学模型。

在经济激励水平达到下阈值 x_d 时，居民客户群体中开始有用户参与需求响应事件，x_t 为历史需求响应试验中采取的经济激励水平，并对应各类别用户的参与率，参与率有最大值 $p_{\max}$，在达到该饱和值后，经济激励水平的提高将不能再使用户群体的参与率上升。采用分段线性模型描述参与率与经济激励水平间的关系如图 5-5 所示。

3. 响应总容量

若事件 j 参与的用户群体总数为 N_j，对应的激励水平为 x_j，则响应总容量采用随机变量表示为 $\sum_{i=1}^{N_j} \tilde{\lambda}_i(x_j) C_i p(x_j)$，参与用户 i 的实际削减负荷比重为 $\tilde{\lambda}_i(x_j) \in [\lambda_i^{\mathrm{down}}, \lambda_i^{\mathrm{up}}]$，其中，$C_i$ 为用户 i 的总容量。在不确定性需求响应机理模

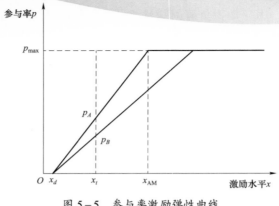

图 5-5   参与率激励弹性曲线

型中，经济激励水平影响用户的负荷削减量和响应的不确定性两个特征量，可综合反映实际响应情况。

5.3.2   居民需求响应成本模型

电网公司实施居民需求响应所产生的成本主要由三部分组成，一是根据用户响应功率向实际参与响应的用户发放激励补贴，二是为了使邀约用户达到预期响应效果产生的调度成本，三是需求响应带来的售电减少的损失。通过累计这三部分的成本，并在削负荷量满足需求响应目标的等式约束下，可优化出最小化需求响应成本的最佳激励水平值。

1. 激励补贴

激励补贴成本与激励水平和居民客户实际响应电量成正比。

2. 调度成本

实施居民需求响应时，要向一定数量的用户发送邀约。实际需求响应事件中，电网公司或负荷聚合商需要付出一定调度成本使得邀约用户能达到模型预期响应参与率和响应效果，如通信费用、宣传费用等，且在邀约比例需要达到较高值时，调度成本将迅速上升，可将调度成本抽象为线性函数和二次函数的分段形式。

3. 电量损失

实施居民需求响应时，用户响应削减负荷指令的同时，电网公司损失削减负荷所累积的售电损失，与居民用电电价和实际响应电量成正比。

综上所述，实施居民需求响应成本为三部分成本之和，在满足一次需求响应事件中指定目标的前提下，居民需求响应的策略应使得需求响应成本尽可能降低，以使得净收益最大化，居民需求响应策略的自学习优化将围绕最小化需求响应成本的优化目标进行。

5.3.3　居民需求响应策略优化

1. 响应优先级队列

实际中削减负荷目标一般低于最大调节潜力，此时则存在调度资源数量和优选的问题，通过优先调度潜力大的资源用户，可提高调峰效率同时降低成本。负荷聚合商或电网公司在启动一次需求响应事件前已掌握所有资源内用户的负荷数据及历史参与响应信息，因此在指定削减负荷目标的场景下，可计及多方面因素对于用户的需求响应潜力进行评估并形成潜力优先级队列，从而在一定裕度下优选合适数量用户参与需求响应，使得在精确达成削减负荷目标的前提下，合理控制需求响应成本。

根据对于居民负荷的建模规则，以量化居民客户在下一次需求响应事件中的潜力，即：

$$\Gamma_i^{n+1} = \mu k_i p_m^{\text{join}} \bar{d}_m^{\text{response}} \bar{P}_m^{\text{DR}} + \eta \sum W_i^n \qquad (5-3)$$

式中：$\bar{P}_m^{\text{DR}}$ 为类别 m 典型负荷曲线在需求响应事件窗口期间的负荷均值；W_i^n 为第 n 次需求响应事件中用户 i 的响应电量；μ,η 为权重因子。

需求响应潜力值考虑两项，第一项综合考虑用户负荷曲线在需求响应窗口中的负荷均值与该类别参与概率和响应度均值；第二项为在历史 n 次需求响应事件中用户响应电量之和，在初次需求响应事件中，该项值为 0，而后续的需求响应事件中，该项即为考虑用户历史响应情况的修正项。在每次实施需求响应前可根据需求响应潜力值形成优先级队列，排序靠前的用户将优先作为该次需求响应事件的资源。

2. 邀约比例优化

在给定削减负荷目标场景下，向全部用户发送邀约会使得削减负荷过多，产生不必要的需求响应成本。根据需求响应用户优先级队列顺序，针对给定削减负荷目标，依次选择合适比例的用户进行邀约。图5-6为试验中，对于优先级队列采取不同邀约比例条件下的用户响应负荷潜力曲线。相较于不进行优先级排序的随机选择方法，在相同目标下，优先级队列中所需的邀约用户比例明显较低。

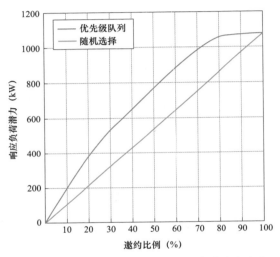

图 5-6 不同邀约比例下用户响应负荷潜力曲线

3. 激励水平优选

激励水平优选流程如图5-7所示，首先指定需求响应削负荷目标，其次根据居民智慧用能标本库中的历史数据，结合用户负荷特性和历史响应参数生成基于历史响应效果的优先级队列并辨识得到用户激励弹性模型参数，即用户的参与率和响应程度随激励水平变化的具体系数。根据图5-6得出的采用优先级队列情况下邀约比例与响应潜力间的曲线关系确定合适的邀约比例，并在以上模型基础上进行以响应成本最小化为目标函数的优化过程，得出最佳激励水平。

4. 策略优化结果分析

在给定削减负荷目标场景下，向全部用户发送邀约会使得削减负荷过多，

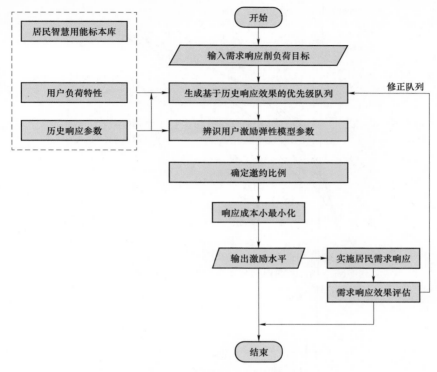

图 5-7　激励水平优选流程图

产生不必要的需求响应成本。根据需求响应用户优先级队列顺序，针对给定削减负荷目标，依次选择合适比例的用户进行邀约。图 5-8 是对于优先级队列采取不同邀约比例条件下的用户响应负荷潜力曲线。相较于不进行优先级排序的随机选择方法，在相同目标下，优先级队列中所需的邀约用户比例明显较低。

　　优先级队列的修正使得需求响应潜力大的居民客户排序更靠前；对于同等的削负荷目标，所需的邀约用户比例更低；起初的 1～2 次队列修正效果显著，多次修正后队列趋于稳定。选定削负荷目标为 600kW 和 400kW 两个场景进行激励水平优化，不同削负荷目标下的激励水平优化结果如 5-9 所示。

　　经过响应优先级队列的修正后，所需的最优激励水平逐渐下降，在响应优先级队列修正 2～3 次后，最优激励水平基本趋于稳定值。

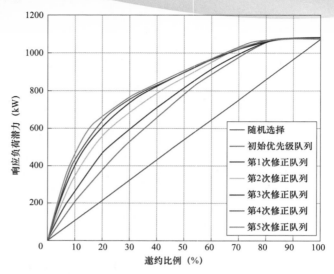

图 5-8　不同邀约比例下用户响应负荷潜力曲线

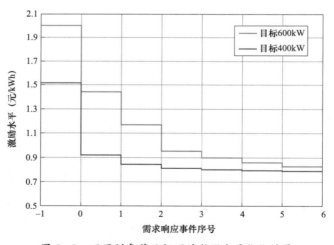

图 5-9　不同削负荷目标下的激励水平优化结果

　　家庭能效管理与优化是居民智慧用能服务的重要业务场景，对于节能降耗、降低居民用电经济负担、提升用户体验、实现碳减排具有重要意义。同时，由于家庭异质性高、随机性大、不确定性强，需要针对不同家庭结构、经济水平、节假日与极端温度等多种典型场景，实现定制化的居民能效管理策略。本书在建立的标本库与居民能效标签匹配的基础上，研究居民客户能耗分析与预测模型、提出家庭能效诊断方法、研究家庭用能碳排放评估模型，最后研究能效优化分析技术，实现定制化家庭能效管理优化策略。

6.1　能　耗　分　析

　　数据集包含通过对接受实验家庭安装温度和湿度传感器采集数据、观察期气象数据的记录、智能电能表采集的家电电能计量数据、家电能耗数据等。数据采集的变量描述如表 6-1 所示。

表 6-1　　　　　　　　　　数据采集的变量描述

特征数	变量描述
1	空调能耗
2	电脑、电视能耗
3	冰箱能耗
4	照明能耗
5	其他家电能耗
6	室内温度
7	室内湿度
8	室外温度
9	室外湿度
10	风速
11	日期及时间

将整个数据集划分为训练集和测试集，随机选取 80%的数据用于训练模型，其余的用于测试模型。在家电能耗回归预测中，采用支持向量机方法进行建模，利用训练集提供的数据，建立各种能耗影响因子的输入与实际能耗测量结果的输出之间的连续函数关系，使模型在保证回归预测函数尽可能平滑的情况下，回归预测能耗结果与实际能耗测量值之间的误差最小。通过对训练集进行训练，分析预测函数尽趋于平滑后，输入相关数据便可对其他家庭的家电耗能情况进行合理的外推与预测。

6.2 能 效 诊 断

综合考虑用户信息、家用电器信息、用电信息、节能设备信息及环境因素等多个方面，评估用户节能水平指标，从而建立能效评估体系。用户可实时掌握家庭内部耗能设备的用电信息和运行情况，并以图表的形式展现各个设备的能耗，诊断用户能效使用情况。根据能效评估体系，结合能效水平评估方法，使用户了解对节能目标起关键作用的影响因素。节电综合等级可以在一定程度上反映出家庭碳足迹，提高居民节电和低碳生活意识。采用层次分析法对家庭节电相关指标进行定性和定量研究，构建一个家庭节电评价指标体系表，为家庭节能效果评定提供一种技术支撑。指标模型如表 6−2 所示。

表 6−2 指 标 模 型

二级指标	三级指标
耗电水平（A）	月度耗电量（A1）
	生活用能中电占比（A2）
电器种类及数量（B）	空调种类（B1）
	空调数量（B2）
	节能灯覆盖率（B3）
	电热水器使用频次（B4）
	是否有电动汽车（B5）
	其他家电数量（B6）

续表

二级指标	三级指标
节电行为习惯（C）	智能家居覆盖率（C1）
	是否随手关灯（C2）
	空调温度设置（C3）
	洗衣机使用频次（C4）

对各级指标权重赋予的方式采用的是层次分析法，借鉴 Saaty 教授推荐的九级标度法对各级评价指标进行权重比例分配。

构建居民节电综合评价 R 判断矩阵 $A = (a_{ij})_{n \times n}$，采用和积法对矩阵进行计算，过程如下：

（1）将每一列元素归一化处理：

$$\overline{a_{ij}} = \frac{a_{ij}}{\sum_{k=1}^{n} a_{kj}} \qquad (6-1)$$

式中：a_{ij} 表示矩阵中每一列元素中的一个元素；$\sum_{k=1}^{n} a_{kj}$ 表示矩阵中每列元素之和。

（2）将归一化的判断矩阵按行相加：

$$\overline{w_i} = \sum_{j=1}^{n} \overline{a_{ij}} \qquad (6-2)$$

（3）对向量 $\overline{w_i}$ 归一化处理：

$$w_i = \frac{\overline{w_i}}{\sum_{i=1}^{n} \overline{w_i}} \qquad (6-3)$$

所求的特征向量 w_i 即为判断矩阵的层次单排序结果，亦为权重系数。

接着进行一致性检验，定义一致性检验指标 CI 为：

$$\lambda_{\max} = \frac{1}{n} \sum_{i=1}^{n} \frac{(Aw)_i}{w_i} \qquad (6-4)$$

式中：$(Aw)_i$ 表示向量的第 i 个元素。

$\lambda_{\max}$ 作为特征根的最大近似值，一般情况下，若 CI ≤ 0.1，就认为判断矩阵具有一致性。

最后，得到综合评价值：

$$R = \sum x_i w_i \qquad (6-5)$$

式中：x_i 是家庭对应耗电水平、电器种类及数量和节电行为习惯对应的三级指标值。

最后根据不同家庭的节电综合值情况进行排序并向居民推送展示，以提高居民的节电意识和习惯。

6.3 碳 排 放 核 算

电器是家庭能耗最主要的来源，而夏季降温、冬季取暖、日常照明以及生活用热水等是居民用电的最主要组成部分，分析用电能耗有利于了解居民用电碳消费行为，促进居民节电意识的提高。

家庭能耗的过程中，夏季降温方式对能耗的影响不容忽视。夏季，居民主要根据具体温度采用空调、风扇或两者相结合的方式降温。空调是对建筑物内环境空气进行调节控制的重要设备，开空调频率及时长的高低直接决定着夏季能耗的费用。冬季取暖方式关系着冬季用电峰值和负荷，中国由于南北差异，供暖方式也不尽相同。北方城市主要采用集中供暖，农村以烧煤、天然气等为主；南方由于冬季气候温和，一般不采取集中供暖的措施，现阶段选取的采暖方式主要包括空调采暖、电采暖和地采暖。而地采暖安装成本及运行费用过大，导致现阶段安装率并不高，使用群体局限于高档住户。空调采暖成为大多数家庭的首选，对冬季用电峰值和负荷有重大影响。生活用热主要以生活热水为主，其能耗成为居住建筑运行能耗必不可少的部分。家用热水器在热水产生中至关重要。家庭热水器形式主要包括燃气热水器、太阳能热水器和电热水器。照明设备方面，照明设备的能源消耗也是家庭能耗中较为固定的组成部分，其不因季节交替而明显变化。随着技术不断进步，照明设备不断更新，节能灯代替传统的白炽灯的现象尤为普遍，95%的家庭使用节能灯，节能灯的发展市场有很大的潜力。

为使家庭能耗量化表达，采用折算法简化计算。家庭能耗碳排放量由家庭能耗等数据和 CO_2 排放系数共同计算获得，碳排放类别与折算系数见 6-3 表所示，计算公式为：

$$C = \sum_{i=1}^{n} E_i \times e_i \qquad (6-6)$$

式中：i 为家庭能源类型；n 为家庭能源种类；E_i 为水、电及天然气等能源消耗量；e_i 为碳排放系数。具体如表 6-3 所示。

表 6-3　　　　　　　　　　碳排放类别与碳排放系数

种类	碳排放系数
水	$0.300 kgCO_2/t$
电	$0.960 kgCO_2/kWh$
天然气	$2.670 kgCO_2/m^3$

家庭能耗主要从水、电、燃气等 3 个方面计算碳排放。经实践研究，电力碳排放是家庭能耗碳排放的主要构成，分析其驱动因素能更具体、更有效减少家庭碳排放。

6.4　能　效　优　化

家庭中的主要用电负荷可以分为三类：可控负荷、可转移负荷和不可控负荷。常见的可控负荷主要有空调、电动汽车等，可控负荷的用电时间及用电功率可进行自由调整。可转移负荷的电能消耗不能削减或中断，但可以延期，例如洗衣机、洗碗机等。不可控负荷的能耗不能进行消减，因此其不能进行需求响应，灯，电视、个人电脑等都是常见的不可控负荷。依据家用电器使用特性，将家电分为离散负荷与连续负荷、可转移负荷与不可转移负荷、可中断负荷与不可中断负荷等，分别针对刚性负荷、简单可调节负荷分类建模。

根据室外温度值、可再生能源功率输出值、日前电价信号和用户偏好，对空调系统、电动汽车、洗衣机和洗碗机等的运行进行优化调度从而使能效最优。

空调系统的能耗受多种因素的影响，但主要与室内外温度、建筑材料的导热特性及空调本身的特性有关，其可用如下模型来表示：

$$\begin{cases} T_{i+1}^{\text{inside}} = \varepsilon \cdot T_i^{\text{inside}} + (1-\varepsilon) \cdot \left(T_i^{\text{outside}} - \eta \cdot \dfrac{Q_i}{A} \right) \\ Q_i = P_i^{\text{HVAC}} \cdot \Delta t \\ 0 \leqslant P_i^{\text{HVAC}} \leqslant P_{\max}^{\text{HVAC}} \\ T_{\min}^{\text{HVAC}} \leqslant T_i^{\text{inside}} \leqslant T_{\max}^{\text{HVAC}} \end{cases} \quad (6-7)$$

式中：T_i^{inside} 和 T_i^{outside} 分别代表第 i 个时隙的室内温度和室外温度，$i \in \{1, 2, \cdots, I\}$ 为时隙序号；ε 为惯性因子；η 为空调的效率；A 为房屋建筑材料的热传导系数；Q_i 为空调在第 i 个时隙消耗的能量；$P_{\max}^{\text{HVAC}}$ 是空调额定功率；$T_{\min}^{\text{HVAC}}$、$T_{\max}^{\text{HVAC}}$ 是设定的温度范围上、下限。

电动汽车的建模考虑 V2G 和 V2H 功能，假设其能够反向放电供家庭高峰用电使用。定义电动汽车充电时功率为正，放电时功率为负，则电动汽车充/放电状态下的电池荷电状态模型可用式（6-8）表示：

$$\begin{cases} SOC_{i+1}^{\text{EV}} = SOC_i^{\text{EV}} + \left(u_i^{\text{EV}} \cdot \eta_{\text{charge}}^{\text{EV}} + \dfrac{1 - u_i^{\text{EV}}}{\eta_{\text{discharge}}^{\text{EV}}} \right) \cdot \dfrac{\Delta t}{E_{\max}^{\text{EV}}} \cdot P_i^{\text{EV}} \\ -P_{\text{max,discharge}}^{\text{EV}} \leqslant P_i^{\text{EV}} \leqslant P_{\text{max,charge}}^{\text{EV}} \\ i_\alpha^{\text{EV}} \leqslant i \leqslant i_\beta^{\text{EV}} \\ SOC_{\min}^{\text{EV}} \leqslant SOC_i^{\text{EV}} \leqslant SOC_{\max}^{\text{EV}} \end{cases} \quad (6-8)$$

式中：SOC_i^{EV} 代表 i 时刻电动汽车电池的荷电状态；u_i^{EV} 代表第 i 个时隙电动汽车的充/放电状态；P_i^{EV} 代表该时隙上电动汽车的充/放电功率；$\eta_{\text{charge}}^{\text{EV}}$ 和 $\eta_{\text{discharge}}^{\text{EV}}$ 分别代表电动汽车的充电效率和放电效率；$E_{\max}^{\text{EV}}$ 为电动汽车电池的额定容量；$P_{\text{max,discharge}}^{\text{EV}}$ 和 $P_{\text{max,charge}}^{\text{EV}}$ 分别为电动汽车最大的放电功率与最大充电功率；i_α^{EV} 和 i_β^{EV} 分别为电动汽车到家后的第一个时隙和离家前的最后一个时隙；$SOC_{\min}^{\text{EV}}$ 和 $SOC_{\max}^{\text{EV}}$ 分别为电动汽车电池的最小和最大荷电状态。

对于家庭中洗衣机和洗碗机等，假定所有可转移负荷都运行在恒功率模式，它们需要的运行时间为时隙长度 Δt 的整数倍。对于可转移负荷 $k \in \{1, 2, \cdots, K\}$，假设其允许的工作时间范围为 $[i_k, i_k + \alpha_k]$，其在时隙 i 的工作状态用 u_i^k 来表示，定义 $u_i^k = 1$ 表示其正在运行，反之则相反。其模型可以用下式表示：

$$\begin{cases} P_i^k = P_{\text{rate}}^k \cdot u_i^k \\ u_i^k = 1, \text{if } 0 < \sum_i u_{i-1}^k < \alpha_k \\ \sum_i^I u_{i-1}^k = \alpha_k \end{cases} \quad (6-9)$$

式中：P_i^k 和 P_{rate}^k 分别代表可转移负荷 s 在时隙 i 消耗的功率及其额定功率。

家庭能源管理的目标是优化调整家庭内可调负荷的功率及电动汽车的充放电功率，使得整个调度区间 I 内的家庭能源使用成本最小。采用随机规划的方法，以总能源使用成本的期望值最小为目标，建立如下的家庭能源系统优化模型：

$$\begin{cases} \min J = E\left\{ \sum_{i=1}^{I} price_i \cdot P_i^g \cdot \Delta t \right\} \\ P_i^g = P_i^{\text{HAVC}} + P_i^{\text{EV}} + \sum_{k=1}^{K} P_i^k \end{cases} \quad (6-10)$$

式中：$price_i$ 为第 i 个时隙的电价；P_i^g 为第 i 个时隙内整个家庭消耗的总电量，其等于所有设备在时隙 i 的消耗电量的总和。

根据家庭能源系统优化模型，求解最优解，以帮助用户显著地降低用电成本，优化家电能效。

第 7 章

家庭电气化

在城镇居民智慧能源消费市场中，如何结合客户实际需求，向客户精准推荐合适的电器产品，并提升电能在终端能源中的消费比重具有十分重要意义。在标本库与标签匹配研究基础上，首先研究基于静态与动态标签的客户画像技术在家庭电气化场景下的应用；进而，研究标签匹配技术在家庭电气化业务中的应用；最后，提出针对不同家庭客户的个性化精准营销方法，实现家庭电气化的多元化推广策略，提升电力企业对不同家庭客户精准化服务水平，优化客户用电体验。

7.1 客户画像技术在家庭电气化业务中的应用

首先，基于居民智慧用能服务标本库的调查问卷数据，对标本库全量居民客户构建居民用能静态标签，包括基本属性标签、用能设备标签、生活方式标签和用电观念标签。其次，基于标本库全量居民客户的 HPLC 智能电能表数据，每 15min 一次的用电负荷数据，利用聚类算法对居民动态用电数据进行聚类分析，构建居民客户的聚类类别及用能识别动态标签，主要包括起居时间、电量消耗水平、负荷曲线特性、需求响应潜力等维度标签。最后，对于标本库中安装了非介入式智能电能表的居民客户，基于非介入式智能电能表采集的客户电压和电流等数据，同时结合该部分客户的调查问卷数据，根据问卷中的设备信息，利用客户负荷分解模型，对负荷监测结果进行分析，将负荷曲线按照各维度的设备隶属度标准，进行用电设备的分解，获取客户用电设备、时间维度和功率维度等用电特征。具体过程如图 7-1 所示。

通过上述步骤，对于安装了非介入式智能电能表的居民客户，可以构建居民动态识别标签和静态识别标签的映射关系，根据聚类结果得到各类用电特征

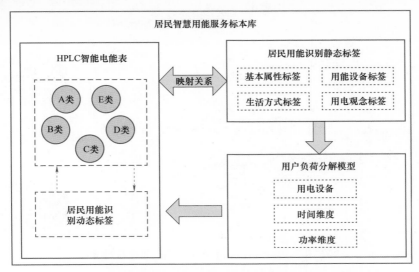

图 7-1　居民智慧用能服务静态与动态标签映射关系构建

客户群的静态标签。对于标本库中未安装非介入式智能电能表的居民客户，根据 HPLC 智能电能表数据的聚类结果，对于同类用电客户，可以认为同类客户具有相同的用电习惯，所以对于标本库的全量客户，可以构建客户类别、客户静态标签和客户动态标签的一一映射关系。

　　对于一般居民客户，由于未对这部分客户进行问卷调查，无法获取客户的基础信息，并且客户也未安装非介入式智能电能表，也无法获取用能识别动态标签。一般居民客户可根据客户的 HPLC 智能电能表数据，基于居民智慧用能服务标本库，推测出一般居民客户的基础信息和用能识别动态标签。

　　根据 4.2 节构建的基于 LVQ 神经网络算法的潜在居民客户匹配模型，将一般居民客户的 HPLC 智能电能表数据输入 LVQ 神经网络，将该客户辨识至初始类别中的某一类，通过该模型实现一般居民客户的客户分类。根据居民智慧用能服务标本库已建立的客户类别、客户静态标签和客户动态标签映射关系，据此可以推测出同类别的一般居民客户的静态标签和动态标签，例如已知标签库中的 A 类客户具备家庭电气化潜力，那么通过潜在客户匹配模型筛选的 A 类一般居民客户也具备家庭电气化潜力。具体应用场景如图 7-2 所示。

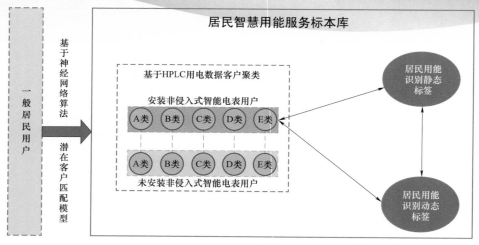

图7-2 客户画像技术在家庭电气化场景应用

7.2 标签匹配技术在家庭电气化业务应用

开展居民家庭电气化服务，核心是根据业务需求通过数据模型对潜在的客户群体进行分类，如自住房装修完成、自住房三口之家、自住房五口之家、出租房、空置房、群租房、高能耗空调、高能耗冰箱，购买新能源汽车需求等。

以居民智慧用能服务标本库问卷数据、用电数据、智能插座、非介入式智能电能表、统计局发布等数据为基础，结合内外部家庭电器信息、电器购买记录、评价记录等相关数据，对数据开展规约转换、数据清洗、减噪和归一化、数据匹配、特征提取等，构建客户特征分类指标（详见表7-1），并利用聚类算法对家庭客户进行分类，设立客户标签，实现对潜在的客户群体进行分群。

表7-1 客户特征分类指标

一级指标	二级指标	说　明
基本信息	户主年龄	中青年人再电气化潜力高
	立户时间	判定是否为新装用户，是否有家居改造需要
	家庭成员数	家庭成员数量
	家庭收入	家庭的年收入信息

续表

一级指标	二级指标	说　明
用电特征	年用电量	用户近 1 年的年用电量
	电量增长率	用户近 1 年的电量同期增长率
	峰谷电量占比	执行峰谷分时电价居民的电量峰谷占比
用能习惯	降温方式	用户降温方式（自然通风、电风扇、空调）
	取暖方式	用户取暖方式（电烤炉、空调、地暖）
	热水方式	用户的热水方式（气烧水、电烧水、太阳能）
房屋信息	房屋类型	房屋的类型（城市别墅、普通城市住宅、农村自建宅）
	建筑年代	建筑的年限
	建筑面积	建筑的面积
	房屋数量	房屋房间的数量
家用电器	大家电数量	空调、冰箱、热水器等较大家用电器的数量
	智能家居用户	是否是智能家居客户
	电动汽车用户	是否是电动汽车用户
上网信息	家电购买数	近三年客户网上家电购买数量
	评价次数	近一年客户评价次数
	上网偏好	客户网上浏览物品偏好（日用品偏好、家电偏好等）

在对家庭客户进行分类过程中，基于客户数据量大、变量类型多样的特点，且对互连性及近似性的需求，最终从多种聚类算法中选取 Chameleon 聚类算法。

Chameleon 算法是凝聚，层次聚类算法中的一种，依据簇的接近度和互连度对簇进行局部动态建模，当且仅当合并后的结果簇，与原来的两个簇的形状与连接结构极为相似时，即合并后的结果簇与自己的局部具有自相似性时，则合并这两个簇。相比于其他算法，Chameleon 聚类算法可以处理更加复杂的聚类，并且准确度更高，可以按照业务需求精准细分互连性和相似性高的用户，实现客户精细化分类，并给用户添加相应的用户标签。

对于标本库中的样本数据，可直接统计如表 7-1 中的各项分类指标。对于标本库之外的一般客户群，缺失部分的数据可利用标本库中的对应属性众数或平均值替代，从而构建表 7-1 中的分类指标，然后运用 Chameleon 算法，输入相关指标便可实现客户特征分类。

7.3 家庭电气化客户挖掘与精准推荐

城镇居民电气化场景主要有两类：一是某类用户在某段时间内购买过某电器产品，通过协同过滤算法可以找出和该类用户相似的群体，为其精准推荐同型号或类似型号的电器产品，即潜在用户挖掘；二是用户在购买或浏览电器产品时，向其推荐和他相似用户群体浏览或购买过其他相关的电器产品，触发其潜在购买需求。

1. 潜在用户挖掘

首先，根据居民智慧用能服务标本库已建立的客户静态标签和客户动态标签，筛选标本库中具有电气化需求的居民客户群，如筛选出电动汽车用户群；其次，通过一般居民客户 HPLC 智能电能表数据，利用潜在客户匹配模型，筛选出用电模式相同的客户群，即目标用户群；最后通过线上或线下渠道，向这类用户推荐同类型家电购买服务。潜在用户挖掘过程如图 7-3 所示。

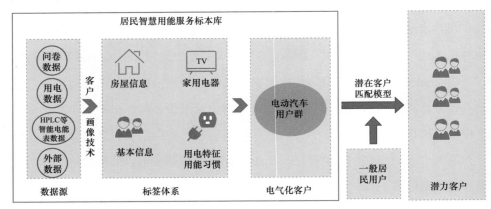

图 7-3 潜在用户挖掘过程

2. 潜在家电个性化推荐

由于居民客户的用电行为与用户的生活习惯、工作状态、家庭特征等差异化因素有紧密的联系，所以即便是基于 HPLC 智能电能表数据聚类分群，同类客户群体之间也会呈现一定的差异。对于同类客户群体，提取同类用户的电器商品查询、购买和评价信息，利用基于用户的协同过滤算法，对同类客户推荐特定的电器产品，触发其潜在购买需求。

当一个用户 A 需要个性化推荐时，可以先找到和他有相似兴趣的其他用户。这种方法称为基于用户的协同过滤算法，该算法主要分为以下两步。

（1）找到和目标用户相似的用户集合。

给定用户 A 和用户 B 通过下式计算两个用户的兴趣相似度

$$w_{A,B} = \frac{|N(A) \bigcap N(B)|}{\sqrt{|N(A)||N(B)|}} \tag{7-1}$$

式中：分子 $|N(A) \bigcap N(B)|$ 表示用户 A 和用户 B 同时喜欢的物品集合；$N(A)$ 表示用户 A 喜欢的物品集合；$N(B)$ 表示用户 B 喜欢的物品集合。

例如某用户 A 具有家庭电器 $\{a,b,d\}$，用户 B 具有家庭电器 $\{a,c\}$，利用式（7-1）计算用户 A 和用户 B 的兴趣相似度为：

$$w_{A,B} = \frac{|\{a,b,d\} \bigcap \{a,c\}|}{\sqrt{|\{a,b,d\}||\{a,c\}|}} = \frac{1}{\sqrt{6}} \tag{7-2}$$

（2）找到集合中的用户喜欢的且目标客户没有的物品推荐给目标用户。

在得到用户之间的兴趣相似度后，协同过滤算法会给用户推荐和他兴趣最相似的 K 个用户喜欢的物品。通过以下公式计算用户 A 对一个物品 i 的兴趣程度：

$$P(A,i) = \sum\nolimits_{B \ni S(A,K) \bigcap N(i)} w_{AB} r_{Bi} \tag{7-3}$$

式中：$S(A, K)$ 是和用户 A 兴趣最接近的 K 个用户集合；$N(i)$ 是对物品 i 感兴趣的用户集合；w_{AB} 是用户 A 和用户 B 的兴趣相似度；r_{Bi} 是用户 B 对物品 i 的兴趣，若用户具有物品 i 则为 1，否则为 0。

如图 7-4 所示，定义了 A、B、C 三个客户和 a、b、c、d 四个物品之间的关系，且物品 d 是当前需要推荐的物品。已知用户 A 喜欢物品 a、c；用户 B 喜欢物品 a、c、d；用户 C 喜欢物品 b 和 d。首先计算用户之间的兴趣相似度，若用户 C 的 K 个用户集合包含 A，则可认为用户 A 和用户 C 相似，同时用户

A 没有物品 d，则协同过滤算法会将物品 d 推荐个 A 用户。

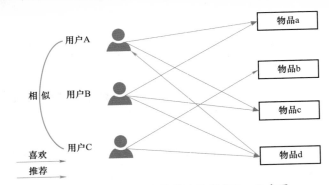

图 7-4 协同过滤推荐算法推荐商品-示意图

在家庭电气化推广过程中，比如要推广智能家电，首先筛选出标本库中已经购买了智能家电的用户 A，通过基于用户的协同过滤算法筛选出具有购买智能家电的用户 B；然后用户 A 和用户 B 共同构成标本库中的电气化客户群；最后，根据潜在客户匹配模型，实现标本库到一般潜在用户的推广。

第8章

● 信息化通信和交互技术

居民智慧用能服务系统，涉及大量平台、应用间的业务及数据交互，其信息化支撑技术主要有云计算架构、分布式技术、机器学习技术、区块链技术、弹性采集技术、容器技术、微应用开发、微服务调用等。本节结合业务特点，介绍相关重点支撑技术。

8.1 云 计 算 架 构

云计算架构可以把 IT 资源、数据、应用作为服务并通过网络提供给用户，即把大量的高度虚拟化的资源管理起来，组成一个大的资源池，用来统一提供安全、快速、便捷的数据存储和网络计算服务的技术。其具有以下特点：可以借助第三方的帮助实现；需要较少的启动资金，无须花费更多的精力和时间进行硬件的升级；业务通过云计算实现时运营问题少，节省了成本、减少了碳足迹。

居民智慧用能服务系统，定位为面向千万级用户的大型系统。传统硬件服务器构建的支撑体系采用业务服务器、数据库服务的模式作为信息系统构架，而云计算架构采用更为灵活的云架构（虚拟资源池）进行系统搭建。云计算架构区别于传统的硬件服务器架构的特征在于先对代管的全部硬件资源进行虚拟化，将硬件资源通过虚拟化，以资源池的方式提供。传统模式难以灵活应对千万级居民客户的综合能源服务需求。因此居民智慧用能服务系统充分考虑硬件架构模式后，选择了云计算架构，其能够满足硬件配置不断提升的需求，实现灵活配置硬件资源，实现效用最大化。此外，云架构能够快速满足系统在负载均衡、微应用开发、微服务调用、容器技术、热备份冗余等方面升级改造的要求。云计算架构示意图如图 8-1 所示。

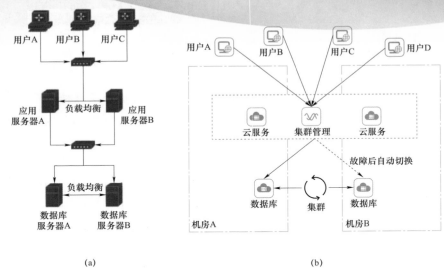

图 8-1 云计算架构示意图

(a) 传统应用服务架构图；(b) 云计算架构图

　　云计算为居民智慧用能服务系统拥有开放的体系架构、功能通用的平台、标准统一的体系、高效率的控制中心提供了条件，例如在电动汽车充电业务中，云计算的存在使用户信息能够完成智能共享与汇聚，将海量数据处理后传递到用户，使居民用能更加便捷；能效管理平台框架由移动云计算的硬件和软件搭建，实时记录现场的感知数据、分析内容，并从中提取有效信息。根据现场的具体情况进行实时决策分析，将无效数据删除，筛选出有效数据，实现了存储信息的有效性、可靠性，使存储空间利用率最大化。

　　由上文分析，云架构既能以最合适的资源配给满足当前的硬件需求，又具有极大扩展性的合理架构，可以适配系统的升级改造。

8.2　分布式技术

　　分布式技术是一种基于网络的计算机处理技术，与集中式相对应。由于计算机性能的极大提高，使其处理能力分布到网络所有计算机成为可能。

　　分布式存储的优势明显，高性能的特点使得分布式存储能够高效管理读缓存和写缓存,并且支持自动分级存储。在不可预测的业务环境或者敏捷应用情况下,分级存储的优势可以发挥到最佳;与传统的存储架构不同,分布式存储采用了多副本备份机制,保证了多个数据副本之间的一致性,分布式存储通常采用一个副本写入、多个副本读取的强一致性技术,使用镜像、条带、分布式校验等方式满足租户对于可靠性的需求;多时间点快照技术使得分布式存储用户生产系统能够实现一定时间间隔下各版本数据的保存,有一定容灾性;分布式架构也使得分布式存储具有可预估性、弹性扩展计算、存储容量和性能的特点。分布式架构如图 8-2 所示。

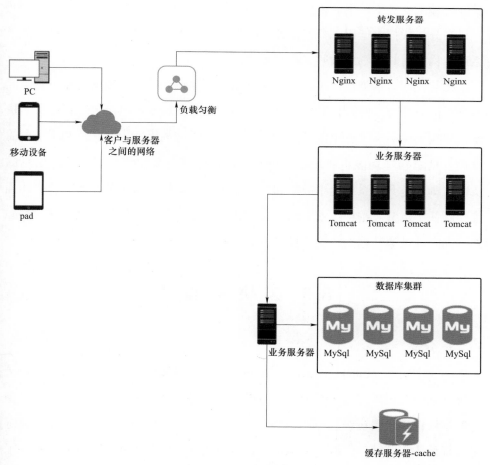

图 8-2　分布式架构

居民智慧用能服务系统，由于涉及数据采集、清洗、计算、分发等多类型数据及业务活动，传统的信息系统架构已不适用，因此为系统量身打造基于分布式技术的大数据平台分布式存储及分布式计算的智慧用能服务数据支撑体系尤为重要。在面对海量并发任务时，分布式存储与分布式计算能够运用更少的资源，获得远超传统集中式系统的数据存储效率和计算效率。

经过系统对比测算，20 万用户的居民电力需求响应实时数据从采集→传输→存储→同步→取数→筛选→清理→补点→计算→推送结果。如果运用传统信息化系统完成全流程业务处理需要 10~12h，在运用分布式存储与计算大数据平台技术支撑下，全流程仅需 2h。如果把 20 万用户提高到 100 万甚至 1000 万，在分布式技术运用下，整体处理时长不会有太大变化，但是对于传统信息系统架构处理时长则要按照天进行计算。

在居民智慧用能服务中，分布式存储与计算技术搭建的数据存储平台，能够支撑能效分析、能效诊断、能效优化等多种业务场景，可以统一管理存储资源，根据不同需求进行资源动态分配，提高资源的利用率。同时，利用平台的软硬件信息管理功能也实现了居民智慧用能系统资源使用情况和故障信息的实时监测，提升了系统运维效率和数字化程度，减轻了系统管理人员的劳动强度，降低了运营与维护成本。因此分布式技术是一种适合处理海量数据、高并发、高时效性等数据的关键支撑技术。

8.3 区 块 链 技 术

1. 定义

区块链技术（blockchain technology，BT），也被称为分布式账本技术，是一种互联网数据库技术，其主要特点是去中心化、公开透明，让每个人均可参与数据库记录。区块链已经在金融服务、社会公益、供应链管理、知识产权等多个领域应用落地。区块链技术可实现对对象内容的全生命周期管理，解决了工作信息的明确、使用、维护、交易等环节存在的问题。

2. 优势

区块链技术拥有无可比拟的优势，具体优势如下：

（1）去中心化的分布式结构：可节省大量的中介成本。由于区块链技术能成为人与人之间在不需要互信情况下进行大规模协作的工具，所以其被应用于许多传统中心化领域中，处理一些原本由中介机构处理的交易。

（2）不可篡改的时间戳：可解决数据追踪与信息防伪问题。

（3）安全的信任机制：可解决物联网技术的核心缺陷。传统的物联网模式是由一个中心化的数据中心来收集所有信息，导致了设备生命周期等方面的严重缺陷。区块链技术能在无须信任单个节点的同时创建整个网络的信任共识，从而能很好地解决物联网的一些核心缺陷，让物与物之间不仅相连起来，而且能自发活动起来。

（4）灵活的可编程特性：可帮助规范现有市场秩序。

3. 应用

居民智慧用能服务系统以平台的形式为综合能源服务商和居民客户搭建业务交互的桥梁，因涉及业务交互，意味着供需双方在提供服务前，需要双方达成协议与承诺。而智慧用能服务，尤其是综合能源服务，在服务的完成度、费用支付、合同内容审定等多个业务场景下，都亟须一个去中心化、公开透明、有公信力的机制对各方进行制衡，比如综合能源服务商向居民客户提供综合能源服务，双方约定服务内容与服务支付金额，合同需要在政府或授权中立第三方进行审核，最终完成签字，并且全部文件需要各方有一份不可篡改的留底资料。如果采用区块链技术，就会解决这些服务界定争议以及纠纷，加快推进多方开展综合能源服务业务。综合能源服务区块链架构如图 8-3 所示。

区块链技术可应用于居民用户的家电安全预警、家庭看护预警等安全用能业务，并且在智慧缴费、智慧复电等便捷用电业务中可发挥出重要作用，其次区块链技术也可应用于数字货币、医疗行业、能源行业等。未来，随着区块链技术的发展，能应用的行业会越来越多。

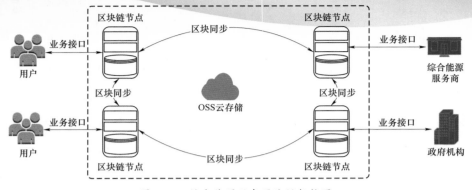

图 8-3 综合能源服务区块链架构图

8.4 弹性采集存储技术

1. 定义

弹性采集存储技术是数据采集系统根据数据来源、数据量、访问热度、更新频度、业务特征等因素，结合应用场景设计数据分层存储策略的一种技术。在云环境中提供非常持久的存储，同时采用最新技术构建在新的云计算架构上，是各种工作负载的解决方案，包括大型数据库、文件系统、容器化应用程序和大型分析引擎。

2. 优势

弹性采集存储技术的优势包括但不限于：

（1）低延迟和吞吐量的最高标准。企业可为其工作环境创建存储服务，以得出易于使用、易于部署的解决方案，在事务密集型或吞吐量作业方面具有最佳性能。

（2）高可用性的服务等级协议。弹性采集存储的优点在于能够通过单击按钮提供整个卷的时间点快照，或将其配置为自动安排。如果快照是增量快照，则只复制上一个快照后修改过的数据，进而从该快照生成新卷。

（3）地理保护，实现最佳业务连续性。可以轻松地从快照中重现数据量，并轻松地将卷附加到新的或现有实例，提供了将快照从一个区域复制到另一个区域的灵活性。

（4）几乎无限的可扩展性。弹性采集存储通过结合各种元素和存储类型，包括更新"预配置 IOPS"功能，实现了拓展范围的无限性，面对海量数据的持续高速增长，弹性采集存储便成为大数据存储的必然需求。但其缺点也就是企业需要提前计划分配多少空间，无论是否使用，都需要为该空间付费。

（5）强大的安全性（传输中和静止加密）。弹性块存储（EBS）有多种存储卷类型，可以为企业业务需求提供合适的性能、合理的定价以及安全的信息采集传输。

（6）管理简单。弹性采集存储技术允许快速配置、部署和管理。从云计算管理中汲取了大部分复杂功能，并专注于易用性。

（7）可承受性。企业可以轻松交换卷类型或增加大小而不会中断关键业务应用程序，从而使其成为满足企业需求的经济高效存储理想解决方案。

3. 应用

面对居民客户参与电网互动的海量数据，通信与采集前置程序采用弹性采集存储架构设计，如图 8-4 所示，可满足 HPLC 智能电能表高频的采集需求，将通信前置部署在 DMZ 区，通信前置与采集前置机通过防火墙进行通信，同时支持国网用电信息采集系统安全防护方案中要求的通过强隔离装置进行通信。采集前置进行报文解析后，写入消息总线中。入库服务从采集前置分离，通过 Kafka 进行数据交互，进行轻量化改造。设计无状态前置集群，适应任务主动上送，去除任务解析下发的档案依赖，提高报文处理效率。通过通信管理实现对前置任务、终端状态、节点状态等进行监控。对前置服务进行容器化改造，提升通信信息负载能力和运行可靠性。

弹性采集存储技术可应用于精准广告投放等电力大数据应用业务，并且在需求响应、光储充设施管理、电动汽车有序充电等供需互动业务中可发挥重要作用。该技术在高效用能业务中同样发挥着重要作用，例如通过对居民电力数据弹性采集，并对居民用能行为、家庭能耗进行深入分析，利用能效诊断、能效优化技术，完善电子清单按需生成功能，居民可按多月、多户预览、下载电子账单，进而提高居民黏性和网络活跃度。

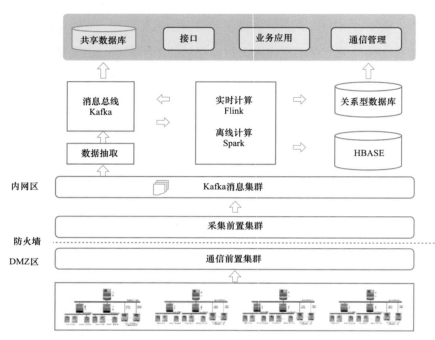

图 8-4 弹性采集存储架构设计图

居民智慧用能服务以客户需求为导向，以价值创造为核心，以现有的采集、通信等基础设施及营销系统数据为基础，拓展居民智慧用能服务共享平台及终端用户 App 的业务功能，采用互联网思维轻资产运营，为各居民智慧用能生态参与者提供软服务，采用合理的商业模式健康持续运作。其中，商业模式是为实现客户价值最大化，把企业运行的内外各要素整合起来，形成一个完整的、高效率、具有独特核心竞争力的运行系统，通过最优形式满足客户需求、实现客户价值，同时使系统达成持续赢利的目标。

9.1 居民智慧用能服务的多主体特征与博弈关系

研究多主体博弈的智慧用能服务商业模式，首先应弄清各主体的特征、利益诉求，进而明确各自在博弈架构内的相互作用关系。

9.1.1 各主体利益诉求特征分析

1. 政府机构

随着电力体制改革和电力市场建设向纵深推进，以有序用电等行政手段为主的需求侧管理逐步演化为以市场机制为特征的需求响应。欧美等国家电力市场建设起步较早，目前已形成较为完善的电力市场体系，需求响应商业模式和市场机制也蓬勃发展，市场主体呈现多元化特征，用户参与需求响应意愿较为强烈。相较之下，我国电力市场建设还处于起步阶段，电力现货市场试点稳步推进，需求响应尚未大范围铺开仅在部分试点地区取得显著成效。但总体来看，市场化交易机制缺失、响应规模偏小、准入要求高、响应意愿低、经济补偿机制不健全等问题始终存在，政府机构希望推动智慧用能及需求响应等工作解决上述关键问题。相较于其他主体更为关注的经济利益诉求，政府机构则更关注于机制建立、政策制定等内容。

2. 电网公司

随着电力体制改革的不断推进，电网公司角色正在发生变化。电网公司不再集电力输送、电力统购统销、调度交易为一体，而主要从事电网投资运行、电力传输配送、负责电网系统安全、保障电网公平无歧视开放，按国家规定履行电力普遍服务义务。电网公司不再以上网和销售电价价差作为主要收入来源，而是按照政府核定的输配电价收取过网费，确保电网公司稳定的收入来源和收益水平。

对于居民用电，随着电网公司业务的扩展，需要提供更为多样灵活的智慧用能产品服务以确保电力供应的稳定与安全，实现削峰填谷与推动清洁能源消纳。

3. 居民用户

在居民日常用电设备中，可转移柔性负荷占据了一定的比重。可通过有效利用分时电价和补贴政策，在考虑用户行为习惯和保证舒适度的前提下，优化家用电器用能时段，调节设备运行功率，实现降低家庭整体用电量、节约费用。当大量用户主动参与需求响应时，电网公司与综合能源服务商协同围绕居民用户的综合能源展开服务，可为用户提供更为节能且高效的供能方案。同时，电网的尖峰负荷问题亦可得到明显改善，有利于削峰填谷。

在城市居民的综合能源服务策略中，终端居民用户可通过参与需求响应，使自身从被动的适从者变为更积极的角色，尤其可通过调整自身用电策略和用电行为参与到电网公司和综合能源服务商提供的需求响应互动中。而当参与需求响应的居民达到一定规模时，其可视作一个整体从而对能源销售方的定价和激励机制提供反馈作用。据此，居民用户可作为博弈模型中的一个主体，参与到由电网→综合能源服务商→居民用户构建的多主体博弈架构中，在追求自身利益最优化的同时，又受整体利益最大化和其他方利益诉求的约束。

4. 综合能源服务商

综合能源服务商主要对用户侧能源需求提供服务，为了满足用户侧电、气、热多种能源形式的需求，需要其拥有一定的能源生产、转换与存储设备。综合能源服务商的输入侧连接上级电网和天然气网，输出侧连接下级用户的电、气、热负荷。为实现多能源耦合转换与生产，综合能源服务商中，存在热电联产和气锅炉等能源转换器件，还包括输电线路，输气/热管道和蓄电池、储气罐等设备，实现多能源的耦合。

综合能源服务商的服务盈利主要包含：① 供电服务：综合能源服务商将自身电源的电能出力供应给用户并获取收益，当自身电源出力不能够满足用户电力负荷需求时，通过购买电量提供稳定供电服务，盈利方式采用供电量乘以单位供电价格减去供电成本。② 供热服务：综合能源服务商将自身热源的热能供应给用户并获取收益。盈利为供热面积乘以单位供热价格减去供热成本。③ 供气服务：综合能源服务商向用户供应天然气并获取费用收益。盈利方式涉及低价购买天然气售向用户，获取差价。盈利为供气量乘以单位体积盈利价格，或与天然气公司建立合作关系，配售电公司负责电力和热力供应，共同分享供能收益。④ 供冷服务：综合能源服务商通过采用冷热电三联供、冰蓄冷空调、电制冷机等设备为用户提供供冷服务，并获取收益。盈利为供冷时间乘以单位时间供冷价格减去供冷成本。⑤ 辅助服务：储能电站提供备用容量、调峰调频等辅助服务交易，在参与辅助服务时可作为独立个体，或者联合区域内的燃气机组、分布式光伏等电源及储热系统参与辅助服务并获取收益。⑥ 增值服务：为终端用户提供内部管网的更新、改造、能源设备的安装、代运维和检修保养等增值服务，和客户签订代理合同，定期收取相关费用。

9.1.2 多主体博弈架构

1. 博弈架构

居民智慧用能服务模式，本书提出两种博弈模式，即"政府—电网公司—居民用户"与"政府—电网公司—综合能源服务商—居民用户"。其中第一种模式是目前最常见的需求响应实施架构，当电网出现供需矛盾时，电网公司通过与居民用户进行需求响应互动，如图9-1所示。而第二种模式则通过引入综合能源服务商实现需求响应互动。在该互动博弈结构下存在电网公司、居民用户和综合能源服务商3个互动主体：电网公司实时监控电网的运行状态，当电网出现供需矛盾时，向居民用户发出需求响应邀约；居民用户在保证其用电满意度的前提下，通过综合能源服务商/负荷聚合商参与电网公司发布的需求响应邀约以获得积分或经济利益；综合能源服务商通过组织电网公司与居民用户之间的需求响应互动，以获取最大的经济收益。在该需求响应互动模式中，为了使需求响应能够更好地促进三个主体的互动，可选用补贴模式或积分模式，构建出各主体之间的博弈互动关系，如图 9-2 所示。

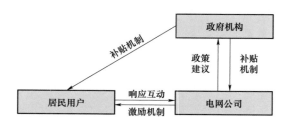

图 9-1 "政府—电网公司—居民用户"博弈模式架构

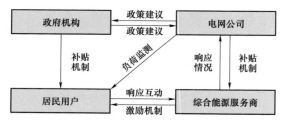

图 9-2 "政府—电网公司—综合能源服务商—居民用户"博弈模式架构

2. 合作博弈与非合作博弈

近年来，博弈论在电力工程领域得到了广泛应用，尤其是在电力市场、需求响应等方面。一般而言，博弈论主要包括非合作博弈、合作博弈和演化博弈三个分支。其中，非合作博弈与合作博弈是根据各主体之间的关系进行划分的，演化博弈出现得较晚，更多的是对前两者的补充。非合作博弈与合作博弈适用于分析能源交易与需求响应中各参与者的关系和行为。

在合作博弈中，部分或者全部参与者通过具有强约束力的协议形成联盟，参与者之间不再是非合作博弈中的完全对抗关系，呈现出合作的格局，并通过合理的分配使得联盟稳定，从而获得不同于非合作博弈下的均衡解。合作博弈中有两个关键问题：一是各参与者达成合作的条件，二是如何对因合作带来的额外利益进行合理的分配。

在非合作博弈中，各参与者之间不存在强约束力的协议。参与者各自利益相互冲突，在博弈过程中不断调整自身的策略使得所追求的利益最大化。另外，根据行动的先后顺序，还可细分为静态非合作博弈与动态非合作博弈。静态非合作博弈是指其中的参与者同时进行决策，或者不同时决策但后行动者并不知晓先行动者的决策信息。动态非合作博弈是指参与者的决策存在先后顺序，后行动者可根据先行动者的决策信息调整自身策略。非合作博弈是研究在开放市场环境中多个独立自主参与者进行博弈的理论基础，在负责的多主体多目标优化问题中，博弈模型的建立为能源交易和能量管理优化提供了有效的理论依据与结构保障。

9.2 居民智慧用能服务模式要素分析

9.2.1 居民智慧用能服务三要素

居民智慧用能服务商业模式设计时要重点考虑以下 3 方面的要素，分别是目标客户、价值定位和盈利模式。其核心可以理解为：围绕目标客户需求，以自身核心能力体现商业价值，以期望的商业价值设计盈利模式。

1. 目标客户

目标客户是企业依据战略定位，在对市场进行分析、比较和选择之后，确定的作为自己服务对象的顾客群，这里的客户不仅包括最终用户，还包括企业其他的利益相关者。在现代商业体系中，企业、竞争对手、客户构成了市场的关键要素。目标客户是企业赢得市场的关键，它既是企业关注的焦点，也是一切竞争战略包括商业模式战略制定的基石。最佳的目标客户为诉求与企业的独特资源能力相契合的客户。

在开展居民智慧用能服务时，其目标客户十分明确，主要指居民用户（消费者用户），其用能量较少但数量较大，可进行一些互联网创新的销售服务模式、家庭能源管理或者智能家居服务等。

2. 价值定位

企业在参与市场竞争过程中，明确自身的定位是首要任务，即依托自身资源能力，能够为客户提供哪些产品和服务。产品与服务的提供，代表了企业能为客户创造哪些独特价值，从而决定了企业在所处行业、产业中的角色。明确价值定位，是制定行之有效的商业模式的起点。

开展居民智慧用能服务价值定位应从客户本质需求出发，结合公司自身特点来选定服务内容，提供针对性的解决方案，因地制宜地选择供能方式，为客户提供各类服务。经过多方调研和交流，发现各企业主要依托原有的产业或资源优势向产业链上下游拓展，依托自身资源所能提供的服务内容，满足客户需求或为客户创造价值。

3. 盈利模式

盈利模式是指企业在为客户提供产品与服务过程中获取收益的手段与方式。盈利模式既包括客户采购产品与服务支付费用这类直接获利的方式，也包括通过资源整合、客户价值提供、资金沉淀等手段带来的长期性、间接性、潜在性的获利方式。盈利模式是商业模式的生命线，优秀的盈利模式具有多元化、深层次、隐蔽性、长期性等特征。

居民智慧用能服务的盈利模式包含能源供应收益、工程建设收益、运维服务收益、增值服务收益（节能改造、需求侧管理、能源管控等）、平台通道收益以及数据信息收益等。能源供应收益、工程建设收益、运维服务收益是目前综合能源服务业务主要的收益来源。未来随着市场的开放及技术的进步，增值服务收益、平台通道收益以及数据信息收益具有很大的潜力。

9.2.2 应用于居民智慧用能的积分机制

1. 积分机制的建立

积分机制是一种非常适用于市场过渡阶段的商业机制，用户根据电网公司发布的信息调整用电，依照积分标准对用户相应行为累计积分，根据积分兑换标准用户可以获取额外的用电服务效益。电网公司通过制定基于电费积分的商业模式，规范化提供电费积分派发、扣减、查询等业务，对电费积分从生成到耗尽全生命周期进行有效管理，有助于吸引广大居民用户积极参与智慧用能服务活动。

电费积分服务是依据每户居民电费充值、消耗以及节电情况，给予不同程度的积分奖励，并将积分保存至电费积分卡内，同时搭建积分兑换专区，支持商品服务兑换业务及其他营销业务。此外，通过将电费积分卡对接航空、餐饮、银行、酒店等行业知名企业，实现跨平台积分的互兑互用，提升积分变现能力；也可以提供能效分析、用能优化、家电维修等服务，提升用户积分价值体验。

居民智慧用能采用电费积分服务模式的目标，主要有以下六个方面。

（1）体现居民用户用能的积极性与诚信，通过采用全网统一的电费积分模式，构建电费积分计算准则，达到监督居民用户按时缴费、定期存费行为的目标。

（2）提升电力企业电费积分平台的影响力，凸显电力企业的使命与担当。

（3）与其他各类企业平台互联，通过大力推广新理念的电费积分，对电力企业市场新兴业务的推广具有显著效果。

（4）规范企业服务标准，通过个体积分差异，制定不同服务标准、服务策略、服务方式，发挥电力企业为百姓的服务作用。

（5）顺应当今时代潮流发展与国内外形势，有利于对接"互联网＋"时代，更好地为居民用户服务。

（6）实现网上电费积分平台发展，进一步推动新形势下国民经济发展与社会进步。

2. 积分机制的实施流程

（1）电费积分获取步骤。服务协议制定：电网公司和电力用户签订需求响应协议，是实施需求响应的基础。居民用户一般参与负荷柔性控制，而大型电力用户主要参与有序用电和可中断负荷。用户在参与需求响应的过程中可同时在平台完成缴费、商场购物以及营销活动体验，从而不同程度地获得相应的电费积分。图9-3描述了需求响应项目协议的签订流程。

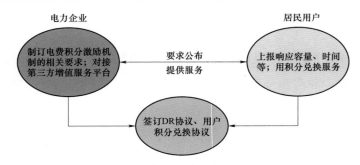

图9-3 需求响应项目协议签订流程

获取电费积分有以下五种途径：

1）统一积分平台获取积分。居民用户通过平台缴纳电费、预充值电费、选择定制电费套餐、使用统一电子发票与账单、参与新模式缴费体验活动、节假日专项电费营销推广等业务，推动用户合理、高效、节约用能。积分平台会根据用户的操作，自动生成电费积分并存入用户 App，用户可自行查看积分总额。

2）外部合作平台获取积分。通过对接国内航空、餐饮、银行、酒店等行业知名企业平台，用户可以从外部平台 App 的抽奖链接或者外部平台查找电费积分兑换页面，按照电费积分的兑换提示完成积分兑换；外部平台的积分可以按照积分转换比率（与电费积分平台的合约），转换为该用户电费积分平台的相应电费积分。

3）平台商城购物返赠积分。居民用户在电费积分平台商品购买区选择相应的商品，并完成商品订单提交；居民选取合适的 App 支付方式，完成订单的快速支付，订单支付完成，等待发货；客户收到商品后，可选择确认收货或者系统默认一周内自动收货，订单状态显示已完成；在确认收货后，电费积分平台会根据商品价格、积分的返还比例以及支付平台方式，计算出电费积分赠送数量，并根据用户反馈情况，得出反馈效果的量化情况，按照电费计算的规则，以积分数值方式返回到个人积分账户。

4）线上线下营销活动赢取积分。居民用户通过参与线上 App、线下营业厅的营销宣传活动，体验新兴电费套餐来赚取积分。电费积分平台分析计算相关业务数据，根据活动规则给予积分赠品，同时列出获赠积分的明细表；线下营业厅则采用客户经理直接办理并收集居民用户用电业务，按照活动积分兑换规则抵扣订单的部分费用或者采用电费积分的形式反馈到个人账户。

5）奖励居民用户的电力节能贡献。居民用户参与负荷柔性控制，整个过程由电力企业基于平台自动完成，出现违约现象较少，所以积分生成方式较为简单，可按照直接负荷控制的削减量计算，并根据奖励规则计算电费积分获得数值，并将积分充入电费积分平台的个人账户，如图 9-4 所示。在用户参与需求响应过程中，可将未按要求响应的需求响应事件记录在需求响应数据库中，作为用户信用等级的判别依据。

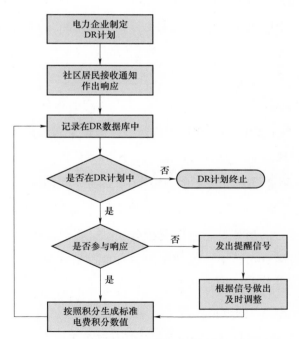

图 9-4　参与负荷柔性控制的居民电费积分生成流程

（2）电费积分的查询与兑换步骤。

1）积分查询服务。居民用户可以通过电费积分平台的个人账户模块，即查询入口，查看个人电费剩余量、电费积分总值以及用户星级评价值，按照积分流入、花费、剩余等显示积分明细表，供给用户参考。

2）积分兑换实物商品。用户可以在个人账户的积分兑换区选择"兑换实物区"，查询平台提供的可兑换实物商品，根据个人电费积分总值选择兑换区中可兑换的商品（商品的兑换积分小于或等于个人账户电费积分），选定后调用积分兑换实物窗口，提交订单，并选择采用电费积分支付，完成积分的扣减；客户下单后在平台的个人商品模块可查询待发货订单；店家发货后，居民用户即可查询物流信息，并根据快递提示接收实物商品。

实物商品举例：时尚百货类（服装、鞋帽、化妆品、首饰等），男士精品（打火机、瑞士军刀、七匹狼皮具），母婴用品（孕妇装、儿童玩具、奶粉、尿不湿等），体育休闲（篮球、足球、羽毛球、游泳用品），蛋糕鲜花（鲜花、安德鲁森烘焙、向阳坊等），家居用品（家居装饰、家居纺织、家居日用），数码通信（数码相机、笔记本）。

3）积分兑换虚拟商品。用户可以在个人账户的积分兑换区选择"兑换虚拟产品区"查询平台提供的可兑换虚拟商品，根据个人电费积分总值选择兑换区中可兑换的虚拟商品（商品的兑换积分小于或等于个人账户电费积分），包括流量充值、视频会员卡、消费卡、电影卡、加油卡、酒店优惠券、游戏点币、QQ币、话费充值等，选定后调用积分兑换虚拟产品窗口，提交订单，并选择采用电费积分支付的形式，完成电费积分扣减；客户下单后在平台的个人商品模块可查询对应订单，平台成功调用积分换虚拟产品接口后，调用短信平台，为客户发放含卡密的短信或者通知客户虚拟权益到账；客户按照对应的短信提示，查个人账户的虚拟权益。

4）积分兑换代金券。用户在个人账户中查看账户电费积分余额，可选择提现功能，确认兑换后，平台调用积分兑换代金券的接口，参照平台的积分/代金券兑换比例，完成积分兑换现金的扣减，并提现到指定银行卡账户；居民用户可以从个人账户查看提现进程，到账后，会采用短信的形式提醒。

5）积分兑换外部合作平台积分。居民用户选择积分专区的积分互兑模块，可以选择积分互兑的企业单位；输入将要兑换的合作单位积分数值，按照平台的积分兑换比例，后台计算所需的电费积分平台的积分值；居民用户确认兑换后，平台调用合作单位积分兑换接口，完成积分消费，并向外部合作平台发送积分流入请求；根据要兑换的外部合作单位的积分数值，消费电费积分平台的剩余积分，从而实现积分的平台转换；居民用户可登录转换的合作单位积分账户查收积分到账情况，同时采用短信的形式提醒。

6）积分直接抵扣电费。居民用户在电费积分平台选择采用积分抵扣电费时，可以选择平台积分兑电费的模块，用户根据电费需求下单，平台会自动调用积分兑换下一阶段电费的接口。用户根据需要输入兑换的电费额度，系统自动计算所需要的电费平台积分数值，并判定能否满足兑换条件，如果满足，则提示用户输入平台支付密码完成订单的支付；如果不满足，则给予提醒是否选用第三方支付平台凑齐支付数额，用户根据提示自助完成支付操作；用户订单支付完毕后，会自动生成电子支付发票，并显示平台积分支付后的剩余数值与更新后的个人账户电费剩余值。

（3）电费积分平台的具体运行流程。积分兑换主要与平台间兑换基准、用户类型、外界环境和用户信用等级有关。

居民智慧用能电费积分平台的具体实施步骤如图 9-5 所示，电费积分平台会根据居民用户的用能水平、缴费方式、缴费频率以及参与平台活动情况代入对应的平台电费积分计算机制，通过后台核对该机制对应此用户的可适用性；而后获取缴费数额值，结合所代入的电费积分计算机制，自动计算出该用户所获得的电费积分数值；最后，在电费积分平台可查看获得的电费积分，并且可在积分兑换专区选择兑换的实物/虚拟商品或者将电费积分储存在个人账户。

电费积分兑换电量或实物的方式较为简单，只需登录电费积分平台按照流程操作即可实现兑换，兑换虚拟电费一般在下一个电费结算周期生效，兑换实物/虚拟商品一般是订单生成后，根据物流提示接收商品。

电费积分平台将建立一整套完善的管理机制，从商品、商家、用户、平台多角度建立完善的管理规范。定期对管理规范进行审核调整，应对实际情况做出及时反馈，保证电费积分平台在管理下处于有序健康的发展状态。同时建立专门的商城管理团队，负责商城各项规范以及日常运作的监督、管理、协调工作。

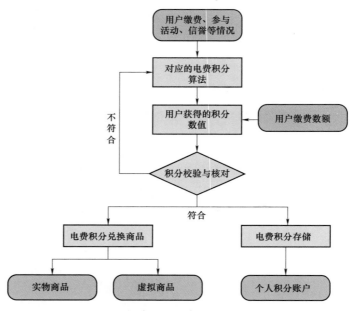

图 9-5 居民智慧用能电费积分平台的实现步骤

9.2.3 服务平台与目标用户

1. 平台角色关系

与电费积分增值业务相关的角色主要包括增值服务供应商、应用提供商、技术与运营合作商、平台运营商、其他能源供给商及居民用户群体等。其相关角色关系如图 9-6 所示。

（1）增值服务供应商：负责积分的推进工作，实现电费积分平台中积分的兑换路径，为电费积分平台联络各外部服务平台，并通过外部各类平台提供增值服务，通过使居民生活便捷化，达到服务居民用户的作用。

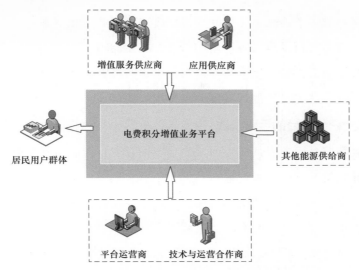

图 9-6　电费积分增值业务平台相关角色架构

（2）电费积分增值业务平台：负责电费积分的整体规划，并统筹电费积分计划的建设，从宏观角度进行管理工作。平台运营中心是电费积分计划的运营支撑单位，执行积分工作的日常运营、礼品及合作商户的考核与管理、数据监控、财务结算支撑、积分平台功能及流程设计，并与增值服务提供商、应用提供商、技术与运营提供商合作，推行营销活动，以及协助策划与执行积分营销等具体工作。

（3）技术与运营合作商：在协同服务中具有辅助支撑作用，同电费积分增值业务平台有着"风险共担，优势互补"的关系，充分发挥所属领域的资源优势，为平台提供技术与相关服务的支撑。

（4）居民用户：居民智慧用能增值服务的订购者和使用者，是通过本平台来获取用能服务的最终用户。用户群是一类用户的集合，是按照一定规则将用户关联在一起。平台可以根据用户的不同属性，将用户划分为不同的用户分类（年轻人群、老年人群、大学生群等），并对不同的用户群实行不同的业务推广策略。

（5）应用供应商：针对用户的需求策划并提供服务，这里主要指多种类的电能使用增值业务。具有独立企业法人资质的开发者，在遵守国家法律和所属行业相关管理规定的前提下，借助平台提供的网络通道运营平台收费系统开发工具、客户服务等资源提供各种新的服务，并推向市场。

（6）其他能源供给商：供热、供气、供水等能源企业通过能源互联互通，彼此关联，开展居民家庭的智慧能源综合用能服务。

2. 电费积分平台的运营模式

（1）运营监督管理者：作为商城的全资拥有者，提供与移动系统对接等支撑工作，并负责运营监督和管理。

（2）商家：需要经过严格的审核，以缴纳不同合作标准的费用入驻电费积分平台，为用户提供优质的商品和服务。

（3）物流公司：作为商城推荐的第三方物流公司。为用户提供商品配送服务，制定统一的配送价格标准。

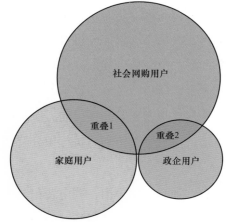

图 9-7 电费积分增值业务平台的目标群体

智慧用能的可靠性与安全性需要得到保障的同时，也需要考虑电费积分平台相关 App 的居民目标群体，大致分为社会网购用户、政企用户、家庭用户三类，如图 9-7 所示。

1）重叠 1 区，即与社会网购用户重叠度高的家庭网上缴费用户（平台的主要目标用户）：该类人群与网购人群具有较高的重叠性，此类人群为平台运营起步阶段的首要发展对象，对于积分消耗和初期客户培养均具有战略意义。

2）重叠 2 区，即与网购用户重叠度高的企业用户（商城初期重点发展对象）：习惯采用线下缴费，并逐渐累积产生的电费积分，是商城重要服务客户，特别是具有较高购买力的政企用户。

3）社会网购用户（平台潜在用户）：20～38 岁年龄段人群，以学生和青年白领居多。此类人群的消费意识与当今商品文化发展、互联网和电子商务发展同步，对现代高科技化的生活适应性强，习惯于网络语言。对新产品新服务的尝试度高、群体传播性强，易被宣传影响。该部分用户将成长为电费积分平台的消费主力，并逐步带动电费积分平台的普及。

3. 平台可提供的增值服务业务

（1）第三方增值服务供给机构是按一定的电费积分兑换比例来提供可兑换的商品，如图 9-8 所示。

图 9-8　第三方机构可提供的增值服务业务

1）网购优惠业务。在"淘宝""京东"等主流购物平台提供优惠补贴业务，根据兑换基准，将电费积分转化为购物平台优惠券，达到购物满减优惠，满足居民用户日常消费需求。

2）家政服务业务。通过电费积分平台与家政服务平台的协议联系，将电费积分平台的积分值列入家政服务标准值，并且可由电费积分值兑现优惠，优先享受贵宾待遇，方便家庭老人、小孩的日常照料与保洁管理。

3）休闲娱乐业务。通过与万达、华润等大型购物商场达成协议，确定积分兑换率，实现第三方平台的补贴优惠、服务优惠。

4）车辆加油、保养业务。通过电费积分平台与国内外各大车企合作，实现平台间的积分汇通，居民可以选择积分兑换油卡、定期车辆保养、车辆加油等服务。

5）机场 VIP 贵宾接候机业务。通过建立电费积分与国内外机场的贵宾服务积分协议，构建两平台间的联系，采用电费积分即可兑换贵宾候机厅等服务，并且电费积分可与"滴滴出行"中的商务车优惠券结合，实现居民交通方面便利。

6）医疗保险业务。通过电费积分平台与三甲及以上级别医院合作，实现医疗平台与电费平台的贯通，居民可以选择采用积分兑换，实现部分药物优惠、网上专家问诊优惠等服务。

7）酒店住宿业务。电费积分管理平台与国内外连锁酒店合作，实现酒店住宿与电费积分平台的贯通，用户采用积分兑换优惠券，实现酒店优惠满减、贵宾房预留、酒店贵宾服务等。

8）就餐优惠业务。电费积分管理平台与国内知名连锁餐馆合作，互惠互利，构建餐馆美食与电费平台的联系，居民可以选择采用积分兑换，实现就餐免单、美食满减优惠等。

9）景点门票业务。电费积分管理平台与知名景点合作，互惠互利，用户可以选择积分兑换，完成购票福利优惠、贵宾门票减免等服务。

10）公益爱心业务。电费积分管理平台与爱心基金协会合作，共同致力于公益事业，实现公益平台与能源平台合作，用户可以采用积分捐赠形式，帮助穷困学生读书、帮助孤寡老人养老等公益活动。

（2）电网公司以及供热、供气、供水企业提供的服务如下：

1）定制式居民用能建议服务。

2）电动汽车零部件购买、维修服务。

3）电动自行车充电服务。

4）居民用户定期户内用能安全检修服务。

5）天然气供给优惠服务。

6）供暖保障优惠服务。

7）废旧二手电器回收服务。

8）排插、空气开关、漏电保护器等电力设备赠送、安装服务。

4. 用户信用等级分类

平台根据积分周期内的奖惩记录，将用户信用等级分为 4 类，见表 9-1。具体衡量标准由电费积分平台确定，例如：按照响应度比例或信用等级排序量化。为鼓励用户积极参与，同等情况下电费积分平台将优先保障高信用用户的电能供应；对于失信用户，将做出拒绝兑换的惩罚，或者停止邀约智慧用能的需求响应项目。

表 9-1   电 力 用 户 信 用 等 级

信用等级	用户等级	奖惩类型	警示颜色
守信标准	守信用户	优先兑换	绿色
一般标准	一般用户	—	黄色
警示标准	警示用户	通知警告	红色
失信标准	失信用户	拒绝兑换	黑色

9.3 多主体博弈下的智慧用能服务新模式设计

9.3.1 服务模式设计基本原则

1. 与战略保持一致性原则

居民智慧用能服务业务是以不同客户的用能需求为基础，运用高科技、大数据、信息化等技术手段，将客户的不同需求互联，构建涵盖居民智慧用能、规划、设计、研发、工程、运营、维护以及智慧技术、产品研发、实施的业务体系，该业务体系是综合能源服务商构建智慧用能商业模式的起点。

2. 客户价值最大化原则

商业模式的本质是创造客户价值，优秀的商业模式可以充分实现客户价值，并且可以持续挖掘、创造更高的价值。项目的成功取决于对居民智慧用能需求的有效满足，而项目的可持续盈利则要精准把握不同类型居民的用能需求。只有找到并满足客户的隐性需求，企业才能在竞争中赢得先机。

3. 依托独特资源能力原则

居民智慧用能服务商应当具有丰富的工程管理和实践经验，雄厚的技术储备和较强的科技创新能力，大型工程顶层规划设计与实施能力，丰富的客户资源和高端的品牌形象，较高的银行授信和雄厚的资金实力以及开展居民智慧用能服务建设所需的各项资质。居民智慧用能服务商业模式的构建需要考虑资源的整合能力，更好地发掘企业内部独有的商业优势和能力优势，形成具有一定独特性的模式，提升企业竞争优势。

4. 兼顾各方利益原则

商业模式是利益相关者的交易结构。优秀的商业模式能够在兼顾各方利益的同时，充分整合企业内部和外部人才、资金、技术、市场、渠道等各类产业资源，并且企业能够成为各类产业资源的组织者与配置者。居民智慧用能服务业务对内涉及综合能源服务商，对外涉及地方政府、专业配套厂商、电信运营商、金融机构、竞争对手及公众等众多利益相关者。设计居民智慧用能服务商业模式时，要充分考虑各方利益，有效平衡政府、不同供能行业、金融机构、运营商、分包厂商等各方的利益，实现多方共赢的局面。

5. 可持续发展原则

居民智慧用能服务作为新兴行业，与国家的宏观政策、经济形势密切相关，市场需求瞬息万变；以能源互联网、物联网等新一代信息技术作支撑，技术发展日新月异，这要求居民智慧用能服务商必须对商业模式不断进行创新，保持必要的灵活性和应变能力，以保持在激烈的竞争中立于不败之地。

9.3.2 三方博弈智慧用能服务模式设计

居民智慧用能服务三方博弈的参与主体为地方政府、电网公司与居民用户。随着电力体制改革不断深入，有更多的社会主体参与电力市场，电网公司在市场上的竞争越来越激烈。地方政府、电网公司和用户之间的博弈主要涉及三个方面：① 用户将自己的需求反馈给电网公司；② 电网公司对用户需求科学合理的学习，针对性地提供服务模式；③ 地方政府在政策上给予支撑，支持电网公司以提供补贴的方式激励各方参与博弈。

以需求响应服务为例，通过激励的方式鼓励用户参与电网公司组织的需求响应，使用户在电网高峰时段能够参与错峰用电。在模型中，可以假设博弈参与者为若干居民用户组成的单一群体，用户侧装有 HPLC 智能电能表，电网公司聚合家庭用电负荷资源参与电网互动，在迎峰度夏、度冬中，当大电网出现供需矛盾或者台区配变重过载、负载率持续偏高时，电网公司发出需求响应，聚合居民智能家电、电动汽车等可调负荷资源，通过邀约形式，参与电网互动，开展居民需求响应、台区负荷优化，减少电网高峰时段的负荷，实现台区用能优化，降低峰谷差，提高台变设备利用率，延缓电网投资，用户获得电费红包或电力积分。博弈结构如图 9-9 所示。

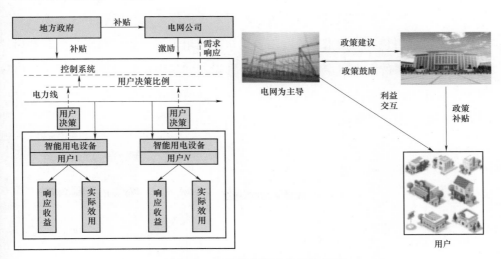

图 9-9 三方博弈模式结构示意图

9.3.3 四方博弈智慧用能服务模式设计

四方博弈的服务参与主体是以电网公司为主体、居民用户为基本单元、综合能源服务商参与以及地方政府支持的方式开展居民综合能源服务。

综合能源服务商可以根据用户的用电信息、特征，制定提高用户参与需求响应积极性的套餐，主要包括通过激励措施使用户主动参与需求响应或通过智能插座、空调宝等进行直接控制；利用小区商店、网上商城等综合能源服务商的扩展业务与居民用户进行利益兑换。除此之外，综合能源服务商可根据用户的需求开展相应的宣传工作，综合能源服务商派专员入户宣传，制定宣传海报、传单等，在小区出入口进行张贴或派发，设置小区固定宣传咨询点、需求响应商品兑换超市等，同时，地方政府通过补贴推动需求响应工作的进行，综合能源服务商还可为用户提供多种增值服务。

综合能源服务商可为用户提供智能家电产品，将智能家电作为需求响应主体。对于非智能家电，厂商提供智能控制类产品，如智能插座，空调宝等。厂商可根据用户的行为提供合适的服务提高用户参与度果，例如依据累计响应量或参与时间兑换家电免费清理或者维修次数、依据累计响应量或者享受家电购新补贴等。

综合能源服务商除提供咨询服务，还可通过向用户进行红包返现及赠送礼品等方式激励用户参与需求响应并培养用户的用电习惯。还可利用居民智慧用能服务平台提供的用电信息和用电特征，针对不同的用户制定相应的电费红包套餐，并让用户自行决定是通过便利店、网上商城或预付费折扣等方式实现对用户参与需求响应的激励，逻辑结构图如图 9-10 所示。

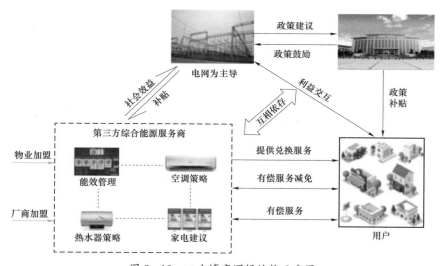

图 9-10 四方博弈逻辑结构示意图

9.4 基于需求响应的多主体智慧用能服务新模式

9.4.1 信息邀约服务模式

在"政府—电网公司—居民用户"博弈的服务模式架构下，由电网公司向居民用户发出邀约是触发博弈模型的先决条件，居民用户则通过确认邀约信息参与到三方博弈过程中，如图 9-11 所示。电网公司可通过 App、短信、微信公众号等信息推送形式告知用户相关需求、用电策略和激励措施，并向居民客户发出邀约。用户接受响应邀约之后，可自愿通过短时关闭空调、电热水器、洗衣机等用电设备，或调控空调温度等措施自主调节控制家庭用电设备，减少用电负荷，进而获取相应的电费红包或电费积分，实现居民家庭与电网柔性互动，同时培育用户绿色节能的用电习惯。

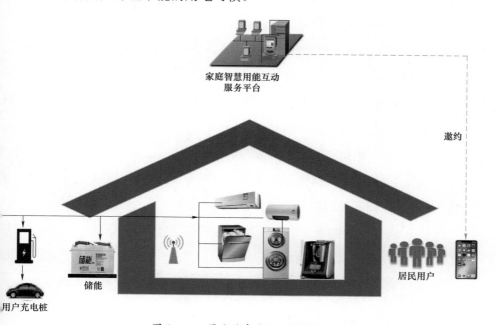

图 9-11 居民信息邀约互动模式

具体为，电网根据日前负荷预测，当有负荷调节需求时，结合需求响应平台的大数据分析功能，精准获取用户推送互动信息，通过短信平台、网上国网

App、微信公众号等形式进行推广邀约；居民用户收到邀约后，可根据家庭自身用能情况，自主选择是否响应负荷调控，并自主进行家用电器和电动汽车的用电调节；最终根据用电信息采集系统采集的家庭用户 96 点负荷曲线数据，以家庭为单位进行结算，并给予补贴奖励。

电网需求响应平台能够实现用户与电网间的实时数据互通，基于需求响应的智慧用能服务模式可采用信息邀约方式于该平台进行开展，邀约方式的主要步骤如下：启动需求响应预案、发起需求响应邀约、用户确认、获取有效用户用电户号、用户执行需求响应、执行效果与补贴统计、发送响应补贴并通知用户、响应效果展示与评估等。具体邀约方式实现流程如图 9－12 所示。

1）启动需求响应预案。确认激励形式，确认补贴或积分返还标准，以及公布时间。

2）发起需求响应邀约。电网公司通过需求响应平台向居民发出需求响应邀约，明确响应时间以及激励机制。

3）获取用户确认。用户根据自身意愿及实际情况确定是否参与需求响应，并反馈给电网公司。

4）获取有效用户用电户号。电网公司通过平台收集用户的反馈情况，统计用户的用电户号。

5）用户执行需求响应。用户确认参与需求响应之后，在响应时间段内，可通过自愿调整用能行为降低用电负荷。电网公司则通过监控设备和平台统计各用户的用电数据变化。

6）执行效果与补贴统计。响应时间结束后，电网公司通过平台统计用户的用电数据变化，计算用户需求响应期间可获得的补贴。

7）发送响应补贴并通知用户。电网公司将用户获得的补贴发放给用户，并发送提醒短信。

8）响应效果展示与评估。需求响应结束后，对响应效果进行展示与评估。

9.4.2 家电直控云服务模式

在"政府—电网公司—居民用户"博弈的服务模式架构下，通过建设智慧用能服务云平台，作为家电运行优化、家庭智慧用能的管理平台，为居民提供智能家电运行服务，与需求响应平台配合，实现家电与电网互动。

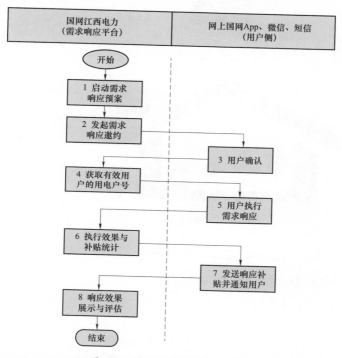

图 9-12　邀约方式实现流程

电网公司建设需求响应平台，根据电网负荷调节需求，分配负荷响应额度，制定需求响应策略，向用户发送邀约，将邀约结果推送至智慧用能云端。智慧用能云平台协同家庭能源设备执行负荷响应。各家电厂商的智能家电云，作为家电与国网家电云端通信接入通道，接收国网云需求响应、家庭用能调节指令。家电直控云服务系统架构如图 9-13 所示。

1. 家电接入方式

各类家电负荷设备，分别通过厂商家电云、国网家电云、客户物联网接入平台。

2. 核心系统和主要设备

电网公司侧设备包含：国网居民家庭智慧用能云平台，省级家庭智慧用能服务平台。

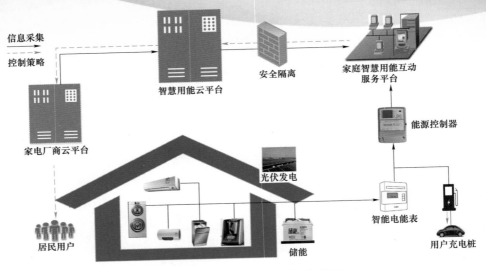

图 9-13　家电直控云服务系统架构图

居民用户侧设备包含：智能家电，非智能家电，物联插座，手机 App。

3. 系统通信性能指标参考

直控模式系统通信性能指标参考表 9-2。

表 9-2　　　　　　　　　直控模式系统通信性能指标

指令功能项	性能要求	WiFi 模式	HPLC 模式
家电操作指令传输延迟时间	≤3s	≤3s	≤10s
运行状态变更信息同步时间	≤3s	≤3s	≤10s
运行数据更新频度（家电平台）	≤60s	≤60s	300～500s
运行数据更新频度（需求响应）	≤300s	≤60s	300～500s
电网负荷需求响应	≤10s	≤10s	≤10s
一次数据传输成功率	≥98%	≥98%	90%

4. 适应场景分析

建设国网家庭智慧用能云平台，为家庭智慧用能、家电智能运行提供服务，对全量用户提供家庭用能优化、电网需求响应的普遍性服务。

建立与各个厂商家电云平台的接口，所有存量智能家电及各种渠道销售的智能家电，通过家庭 WiFi 信道和家电云平台参与国网需求响应业务，"国网家电云"作为智能家电参与需求响应的统一入口。

9.4.3 智能互动的自主控制模式

随着通信技术及 AI 技术成熟，未来电网侧与家庭机器人管家进行互动对接，家庭机器人管家接收电网侧下发的需求响应指令，根据户内电器实时运行状态及用户用电习惯进行优化策略制定，并对家庭内部智能用电设备实施自主控制。智能互动的自主控制模式如图 9-14 所示。

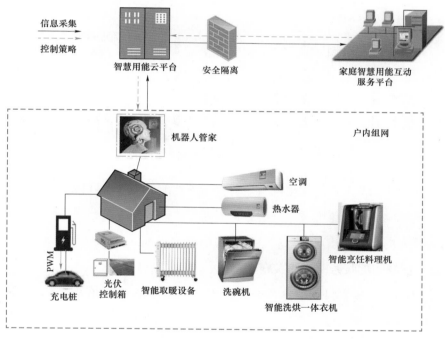

图 9-14 智能互动的自主控制模式

9.4.4 电动汽车有序充电服务模式

电动汽车有序充电是指在满足电动汽车充电需求的前提下，运用价格调节或差价补贴的形式引导或控制电动汽车的充电行为，进而实现对电网的削峰填谷，降低供给端的容量配置，是实现居民智慧用能服务的重要途径。相比综合能源服务商介入的三方博弈模式，由电网公司和充电服务聚合商直接引导的电动汽车充电行为序列则更为直接有效。电动汽车有序充电服务模式如图 9-15 所示。

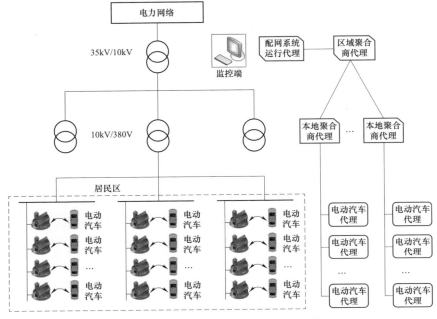

图 9-15　电动汽车有序充电服务模式

当大量电动汽车接入配电网充电时，采用传统的集中调度模式会导致在响应优化问题中出现"维数灾"问题，此时第三方——充电服务聚合商可以协调某一区域内的充电需求，可以有效地解决面临的问题。

9.4.5　智慧用能服务模式的实施

现阶段节能技术日臻成熟，光伏发电、电动汽车充电桩制造等成本逐步下降，冷热电三联供技术及应用成熟。未来随着智能终端系统、大数据技术、互联网技术飞速发展，智慧用能服务将实现物理流、信息流和价值流三流融合，形成完整生态圈。商业模式可先启动政策支持的业务，随着技术的成熟逐步拓展。

1. 探索阶段

到 2025 年，基于低互动成本考虑，可在典型省份推广信息邀约互动模式，在 HPLC 智能电能表推广覆盖区域，采用短信平台、网上国网 App、微信公众号等多种信息邀约形式,邀请家庭用户自主调节用电设备,响应电网需求,同时依托现有系统和设备资源,构建低成本互动渠道和计费补偿模式,探索推广策略和可持续发展商业模式。

2. 云邀约互动服务阶段

2026~2035 年期间,随着通信信息技术高速发展和能源互联网建设不断深入,家庭智能用电参与电网互动技术不断成熟,将经历小范围试点、不断迭代验证、适时小范围推广、持续深化推动、实现规模化应用这一发展历程,互动模式也将逐步由信息邀约过渡到家电直控云服务模式,最终发展到 AI 系统之间的互动。

3. 智能互动阶段

到 2035 年,家电设备进一步智能化,家庭自组网技术成熟,家庭智能机器人管家普及,家庭智能设备参与电网互动技术条件和商业模式逐步成熟,智慧用电服务 AI 系统可以与家庭智能机器人管家直接互动,实现高速、精准、智能的双向互动。

9.5 差异化居民客户群体的智慧用能套餐

随着智慧用能服务市场的发展,用户在用能服务方面有了更多的选择权,各个能源服务商面对的是一个全新的、竞争激烈的市场环境,面对用户的多元化需求,需要设计出多种不同的用能服务套餐,以用户为核心的智慧用能套餐体系的建立将会成为能源服务商之间竞争的关键。本节基于博弈模型和积分理论,阐述了差异化智慧用能套餐体系的设计原则,接着针对不同用能偏好的用户设计差异化的智慧用能套餐,并分别给出相应的案例分析。

9.5.1 智慧用能服务套餐设计理论

1. 基于积分机制的服务套餐设计原则

居民用户与中小型商业用户的聚类用电特性明显,对价格的敏感度不同,并且不同地区的用户对价格波动的承受能力也不尽相同。因此,针对不同电力用户需求,可以设计多种零售套餐与积分套餐模式,用户可以根据自身特点、用电习惯和用电偏好来选择适合自己家庭的套餐模式,其中积分套餐的形式则更为灵活多样。

差异化的积分套餐设计一般应该遵守以下原则:

(1)针对性原则,以用户为导向,积分套餐设计应充分考虑用户电力消费间的差异,有针对性地设计价格套餐或积分套餐,设定合理的价格区间与产品区间,甄别不同套餐之间的用电类别、用电时间、用电量的差异。

(2)成本原则,制定用能服务套餐时应当将能源供给过程所需成本,以积分或返现等其他形式反映于各类用户套餐价格,落实用户付费,反映能源服务商提供用能服务和用户用电的成本因果关系,使用户电费账单保持相对稳定。

(3)合理盈利原则,在制定用能服务套餐时,应考虑能源服务商的投资成本、利润收入等。

(4)公平负担原则,由于不同用电类别的用户用电成本不同,因此能源服务商需要基于用户类别,在制订用能服务套餐时合理传导成本。

(5)环保性原则,在设计用能服务套餐时,应考虑促进绿电消纳,设计环保型套餐,鼓励绿色环保、节能低碳行为。

2. 面向居民用户的服务套餐分类方法

国外售电公司为了获得更多用户,设计了多种电力套餐。例如,美国得克萨斯州的售电公司根据供电地区、计费方式(包括固定费率、可变费率、阶梯电价、单一电价、分时电价等)和支付方式的不同设计了不同的套餐,针对节能减排和削峰填谷设计了绿色电力套餐和电动汽车套餐等。英国售电公司设计了在线电力套餐和电气同购套餐,澳大利亚售电公司设计了固定费用电力套餐,法国售电公司设计了负荷率电价套餐。

2016年12月,云南电网责任有限公司首次推出居民电力套餐,用户需一次性预缴全年电费,年用电量不超过套餐规定电量则只需支付套餐电费,超出套餐的电量部分按阶梯电价计算。但其覆盖面不广,仅占用户总数的5%左右。我国目前推行的面向居民用户的电力套餐还属于摸索阶段,并未进行大范围推广，同时国外的居民电力套餐也不适宜直接套用于我国居民用户。

国内外目前关于电力套餐的研究，主要从以下几个方面展开：从节能减排的角度出发，从提升电网运行经济性和电力市场效率的角度出发，从削峰填谷的角度出发。

9.5.2 居民智慧用能服务套餐设计

在制定智慧用能服务套餐时，能源服务商需要结合目前市场竞争状况、考虑自身条件，基于不同用户用电特性制定差异化的智慧用能服务套餐，只有提出具有竞争性、差异化的智慧用能服务套餐体系，才能更好地拓展核心用能业务。因此，本节遵守智慧用能服务套餐的设计原则，综合考虑不同的套餐分类，针对不同偏好的用户，设计差异化的智慧用能服务套餐。其中以积分导向型套餐为主，同时也包含少数价格导向型套餐。

1. 基于信息标签的差异化用户分类

3.2 节构建的基本静态信息标签可为本研究的用户差异化分类提供理论基础。本研究所涉及的套餐均围绕上述标签展开设计，阐述了各个套餐对各标签的适用性。

2. 个性化用能套餐

本节从用户用电特性角度出发，打破现有分类，基于负荷特性对用户进行分类设计。对于用电行为多变的用户，按照积累用电量水平进行划分，将各类用户平均用电水平基于月用电积累去对应不同的智慧用能服务套餐。

（1）套餐 A 对象：附加服务需求用户。

1）套餐 A1：消费券（积分）回馈套餐。

参照 9.2.2 节中电费积分的设计，可在积分兑换专区选择兑换的实物/虚拟商品或者将电费积分储存在个人账户。这类套餐针对不同的用户群体，设定特色消费回馈形式。在某一特定的区域内，将用户群体划分为不同类别，与附近商圈进行联动。表 9-3 展示的是基于某一区域不同群体的套餐模式。

表 9-3　　　　　　　　　　基于某一区域不同群体的套餐模式

类别	用户群体	用户特征	回馈形式
1	企业高层	拥有私家车，有高档消费需求	汽车加油券，高档餐厅预约服务等
2	企业中层	有环保意识，偏好海外商品	共享汽车使用券，共享单车骑行券，电商平台海淘购物券
3	企业白领	有休闲娱乐需求	咖啡店折扣券，茶餐厅折扣券
4	政府公务员	有文艺爱好，如书法，绘画等	画展，书法展览入场券

针对不同的用户群体，套餐所包含的内容见表 9-4。

表 9-4　　　　　　　　　针对不同的用户群体的套餐回馈模式

类别	用户群体	套餐分类金额（元）	回馈形式
1	企业高层	500	50 元加油卡
2	企业中层	400	某共享单车 7 日骑行券
3	企业白领	300	某咖啡厅免费升杯券
4	政府公务员	280	画展入场券

2）套餐 A2：家电及家居设施更新服务。

该套餐主要针对城镇居民用户中的老年人用户，目前很多老年人用户由于对新兴电气设备了解不够，因此在家中依然使用着高能耗、大功率的设备。这些老年用户长时间在家中居住，因此可以配合电网的削峰填谷政策，年度参与电网发布的需求响应次数不少于 10 次，邀请老年人参加。采用这类套餐的用户将按套餐模式规定的时间定额缴纳费用，同时参与该类套餐的老年人用户将额外获得免费的节能灯具上门改造服务，加装智能控制开关等家居设施更新服务。同时电网需要向这类用户提供用电咨询服务，在调整峰段时需要及时用短信或系统平台通知用户，什么时段用电最为节省。参与该类套餐的用户将大量减少峰时段的用电量，同时增加平时段的用电量。通过节能改造帮助该类用户降低不必要的能耗，节省总电量。

3）套餐 A3：智能家电维修服务。

该类套餐针对高学历、高收入用户，有文献做调研表明，越年轻、学历越高的用户对于个性化服务渴求度越高，在指定的时间内用电将享受低费用，而在峰值时段使用电量将额外支付费用。参与该套餐的用户将获得平台赠送的智能家电维修服务，该类用户需要持续和电网签订套餐服务合同，在合同的基础上，家电服务公司才能持续为用户提供免费上门维修服务。家电维修服务每个季度最多可申请一次，工时不超过半天，且上门维修次数不可累积。该类服务可以通过网络平台推送吸引年轻人参与。平台通过微信小程序通知用户，让用户实时了解自己的用电情况。

（2）套餐 B 对象：避峰用电用户。

峰谷电价套餐的设定需要先明确官方发布的峰、谷时段，然后根据峰、谷电量占比计算出哪类用户适合选择执行峰谷电价，见表 9-5。

以江西为例，一年内低谷用电量占总用电量比例的 20% 时执行阶梯电价，与同时执行峰谷分时电价支付的电费相等，即年用电量 2160kWh 必须要保证 432kWh 的低谷电量才能持平。当年度低谷用电量超过总电量的 20%，选择峰谷分时电价更经济。如果年低谷电量低于 20% 或超过比例不大者，选择峰谷分时电价则不划算。

表 9-5   峰 谷 电 价 套 餐

时段	时段划分	电价
峰时段	08:00~22:00	增加 0.03 元/kWh
谷时段	22:00~次日 08:00	下调 0.12 元/kWh

此类套餐针对用电特征较明显的用户，如刚毕业不久的青年用户，群体的用电特点为时间集中，多为下班后的晚间时段，该时段为用电高峰时期，熬夜现象普遍存在，谷电时段用电时间较长，也适用可以灵活调整用电时段的居民用户。

（3）套餐 C 对象：季节用电敏感用户。

用户不同季节的用电成本以及用户用电习惯均有差异，因此需要区分季节设计套餐，由于春秋季用户无降温、采暖负荷，用户在这两个季节用电行为比较相似，整体将季节划分为春秋季、夏季、冬季。套餐 C1：春、秋季套餐；套餐 C2：夏季套餐；套餐 C3：冬季套餐。由于夏季、冬季用户用电负荷增加，用电成本增大，因此夏季、冬季套餐价格高于春、秋季套餐，此类套餐适合春、秋季用电型用户。

（4）套餐 D 对象：环保需求用户。

随着用户对环保需求的增加，推出清洁用电套餐，清洁用电套餐是指售电量中包含一定比例的可再生能源电力，由于可再生能源购电成本较低，但具有一定的波动性，因此清洁用电套餐中的套餐价格高于基础套餐中的套餐价格。目前我国新能源发电发展态势良好，电力用户环保意识逐渐增强，清洁用电套餐具有较好的应用前景。

3. 单一型用能套餐

针对用电特点较为规律、用能行为较为单一的用户来讲，单一型用能套餐就能满足其基本需求以及其对经济性的考量，本节主要涉及四类具体的单一型用能套餐。

（1）套餐 E：固定消费的月套餐。

该套餐鼓励居民量入为出，对于用电量较少的用户，通过使用剩余电量红包返现的形式鼓励居民减少电量使用，让用户选择自己合适的用电量。而对于用电量较大的用户，降低其套餐费用，并刺激其用电需求。该套餐不仅具有用户友好度，而且通过这一套餐可划定用户的用电额度，了解不同用户的使用需求。

"固定单价套餐"的特点为电量单价不变，在合同期限内，用户的电量单价为 P，则用户每月电费为 $C = P \times Q$。但在该模式下，会使服务商承担能源市场价格变动的风险，故可以在该模式下附加累计用电量的限定，在制定合同时明确固定单价的累计电量上限，超出上限部分可对用户进行超额处罚，依次减少能源价格波动时服务商可能承担的风险。

对于选择不同套餐类型的用户按照其月累计用电量情况进行多退少补。具体方案如下：

1）用户当月使用的电量≤基础电量。

用户当月使用的用电额度未超过基础电量，将该用户本月未使用完的基础用电量进行折扣返还，返还的金额为剩余未使用完的电量对应的金额。但是该用户将无法获得当月的奖励电量。

2）基础电量≤用户当月使用的电量≤协议电量。

用户当月的用电额度超过基础电量而未超过协议电量，该用户将免费享用奖励电量，而不需额外支付费用，但也没有金额返还。

3）协议电量≤用户当月使用的电量。

该类用户超出所选套餐协议电量的额度，将对该用户超出协议电量的额度加收套餐费用。

（2）套餐 F：固定费用套餐。

针对年度用电量较为稳定，但在个别月份出现波动的用电用户。固定费用套餐约定电力用户每月电费总价固定，无论用户每月用电量多少均支付套餐费用。固定费用套餐适合年度总用电量较为稳定，但在个别月份可能会超额用电的居民用户。

（3）套餐 G：最低消费套餐。

最低消费套餐指当用户用电量低于某个阈值时，按照最低消费金额支付，适合用电波动较大的用户。"最低消费套餐"设定电量阈值 Q 以及最低消费额 C_0，月用电量 Q 超过 Q_0 的部分按超用电电价 P 计费。用户每月电费 C 计算规则如下

$$C = \begin{cases} C_0, Q < Q_0 \\ C_0 + P \times (Q - Q_0), Q \geqslant Q_0 \end{cases} \qquad (9-1)$$

（4）组合型用能套餐。

智慧用能套餐形式趋于灵活多样，套餐的制定既要考虑用户、供电企业和

能源服务商之间的互动，又要考虑社会节能减排和用电成本，同时也要考虑新能源、绿电消纳和储能技术的发展。套餐的设计也应该从个性化、节能化、绿色化、网络化、综合化五个方面设计用电服务。因此，本节将不同套餐进行交叉混合，形成多样的组合型套餐。

1）套餐 Z1：年费＋阶梯电量套餐。

该套餐适用于用户用电量大，但用电规律不明显，因此设计年费＋阶梯价差套餐模式。"年费＋阶梯价差套餐"模式是指用户在缴纳一定年费后，不对偏差电量进行考核，根据用户实际用电量对应阶梯价差套餐。

2）套餐 Z2：基础电费＋附加服务套餐。

该类套餐针对特定的人群，将用电套餐与附加家居服务联动。用户每月支付的费用包括基础电费和额外的附加服务费用。附加服务与家居服务相关，如家居更新、家电维修。该附加套餐服务种类与服务次数可与用户的基础电费量以及用户的信用度挂钩，正向激励用户电量消费，提升用户信用度。

（5）业务需求用能套餐。

1）供电可中断业务用能套餐。

可中断负荷政策作为电力需求侧管理中较为常见的一种经济激励手段，在电网用电高峰时段，可以有效削减电网调峰的压力，提高电力系统运行安全性与经济性，提高供电的可靠性及服务水平。推出供电可中断业务用能套餐，与高可靠性供电业务用能套餐相辅相成。用户可以通过与售电企业签订协议进行供电可中断业务，同时也可以对中断的时间及中断的负荷量进行选择。

2）交、直流混合供电业务用能套餐。

我们日常使用的 LED 照明、电视机、信息通信设备等，采用交流电为其供电时，需提前经过交直流变换才能为其正常工作提供电能，而在设备功率较小时，对供电质量影响也会较小。现考虑到众多对直流用电的需求较大的用户，而当其大量使用直流设备时易引起电压畸变、三相不平衡等电能质量的问题，且部分设备对电源的干扰还具有较强的敏感性。如果引入直流供电，这些问题便迎刃而解。综合考虑到此类用户的用能需求，推出交、直流混合供电业务用能套餐，对交、直流供应业务有需要的用户专门提供直流电接入、配备直流开断等。

4. 光伏用户业务用能套餐

为实现无污染、零排放的智能化供电，充分利用清洁的太阳能是发展趋势，为鼓励人们更多地使用光伏，推出光伏用户业务用能套餐，并根据光伏设备的不同给予不同的优惠。

主要针对使用分布式光伏发电、光伏储能、风光储三类用户，而日照时间与用电负荷时间存在不同步的现象以及天气等原因，只有将发电系统与储能相结合，才能较为有效地利用光能，而风电的加入又能使得供电更加稳定。所以针对这三类用户，我们提供不同程度的积分奖励，奖励程度为风光储＞光伏储能＞光伏发电。

5. 汽车充电套餐

该套餐面向电动汽车用户密集的小区，专门针对电动汽车用电，设定无序充电、有序充电、间断充电三种模式，分别制定相应的价格。不同充电类别特点见表 9-6。

表 9-6　　　　　　　　　不 同 充 电 类 别 特 点

方案	类别	特点
1	无序充电	用户可在任意时刻接入充电桩，用电时间灵活，但费用较高
2	有序充电	用户只能在指定时间接入充电桩，可充分利用谷时电价，适当降低套餐费用，吸引用户
3	间断充电	用户在 20:00 接入充电桩，并交给综合能源服务商进行充电托管，综合能源服务商根据用电网负荷对汽车进行间断充电，在 21:00 断开充电，在次日 00:00 再次接入，同时满足小区配电网的安全运行和用户的用电需求

除此之外，针对用电大户或办理长周期套餐的用户，也会在原有套餐的基础上奖励此部分用户额外的积分，且用电越多优惠的力度越大，使得用户在用电增长的同时，保证支出的电费最小。

9.6　智慧用能服务套餐设计典型案例

本节分别列出基于电费积分的居民智慧用能商业模式设计案例、居民智慧用能服务套餐设计案例。

9.6.1　案例一：江西某小区居民用户

江西居民用电的电价分为三个档次：第一档为年用电量 2160kWh 及以内，维持现行电价标准。普通居民电价为 0.6 元，峰谷分时的电价为：峰段电价 0.63 元，谷电价 0.48 元；第二档为年用电量 2160~4200kWh，在第一档电价的基础上，加价 0.05 元/kWh；第三档为年用电量大于 4200kWh 时，在第一档电价的基础上，加价 0.3 元/kWh；峰电时段是指一天中的 08:00~22:00，谷电时段是一天中的 22:00~次日 08:00。

居民王先生为江西南昌市中等收入家庭，平均每月用电约为 300kWh；折合平均每月电费 180~200 元，且王先生习惯通过网上缴费，并下载了网上国网 App。其中王先生积极响应电网公司提倡的节能减排方针，申请执行峰谷分时电价。王先生家中的电器使用情况见表 9-7。

表 9-7　　　　王先生家中的电器使用情况

家中设备名称	规格	功率（W）	使用时间（h/d）	使用时间段
空调	2.0P	2000	2	20:00~22:00
电视机	48寸	120	1	20:00~21:00
热水器	60L	1500	1.5	18:00~19:30
冰箱	300L	30	24	00:00~24:00
电脑	15.6寸本机	200	2.5	12:00~14:30
照明用具	LED	25	24	00:00~24:00
洗衣机	10kg	500	1.5	17:00~18:30
电饭煲	3L	600	1.5	17:00~18:30
吸尘器	卧式	1500	1.5	08:00~09:30

续表

家中设备名称	规格	功率（W）	使用时间（h/d）	使用时间段
电磁炉	—	1800	1.5	12:00 ~ 13:30
电动能源汽车	—	2500	4	17:00 ~ 19:00 11:00 ~ 13:00
其他充电设备	—	200	1.5	12:00 ~ 13:30

通过监测，网上国网 App 定期给予王先生定量积分，并随着执行峰谷分时电价的月份数目累加。在电网负荷过高时，网上国网 App 推送省电邀约消息，提醒王先生减少不必要电器负荷，从而降低用电高峰期的负荷，网上国网 App 也会根据各用户响应的负荷量来给予一定数量的电费红包或电费积分奖励。王先生根据实际情况，将 120W 电视机与 500W 洗衣机调制待机状态，等待 30min 后再重新开启，并将 2000W 空调的制冷温度由 24℃ 调至 26℃，降低制冷的功耗，降低社区的供能压力，王先生也由此获得定量的电费奖励积分。

以下为拓展部分：将网上国网 App 拓展为电费积分平台。

王先生在国家电动汽车补贴政策下，购买一台电动能源汽车作为交通工具，该车电池容量为 60Ah，并使用电网公司的电动汽车充电桩，工作日在夜间完成充电，充分利用峰谷电价差异，降低电网公司夜间电能浪费，并获得一定数量电费积分；周末电动汽车则在夜间储蓄电能，白天则作为蓄电池在用电高峰期段为社区供电，网上国网 App 根据王先生的电动汽车供电量，给予资金补贴与一定量的电费积分奖励。

网上国网 App 的推行以及新兴业务的推广，均需要定期进行线上、线下的宣传活动，王先生利用空闲时间通过微信好友、朋友圈等积极转发宣传该平台，并得到 10 位社区朋友的了解与注册支持，网上国网 App 根据王先生转发的次数与其他用户的响应程度，奖励王先生一定量的电费积分。同时，王先生经常登录网上国网 App 线上预存电费，积极查阅每月账单且不拖欠电费，网上国网 App 自动将王先生判定为高星级用户，并根据预存电费数额奖励一定量电费积分。

此外，王先生使用网上国网 App 提供的"金融理财""社区团购""健康教育"等服务模块，选择性查看浏览相关内容以及订阅相关栏目，后台根据王先生的浏览时间与次数奖励一定的电费积分。

网上国网 App（电费积分平台）可以与银行、通信、交通、医疗、教育等平台关联合作，实现平台之间积分的互相兑换，王先生将"中国移动积分商城"的剩余积分通过平台间架构，按照一定转换率，将其转换为电费积分，同理，可实现其他各大平台的多余积分转换。

积分的不断累积，首先可以确立电力用户星级，王先生由此评为"电力高星级用户"，享受电费积分平台贵宾待遇；同时，王先生将本季度累积的 500 积分兑换一定的增值服务，其中包括：获取一份定制版"下季度用能建议书"、申请了 1 次清洗油烟机的家政服务、换取了一次性抽纸 1 套以及 20 元的超市购物优惠券。

通过后期跟进，王先生用能规划逐步明晰，节能意识也得到加强，期间获得较多的第三方增值业务服务，以及每季度的积分奖励兑换活动，对各项业务体验良好，支持电费积分平台并愿意大力宣传推广。

基于电费积分的王先生家庭用能商业模式设计如图 9-16 所示。

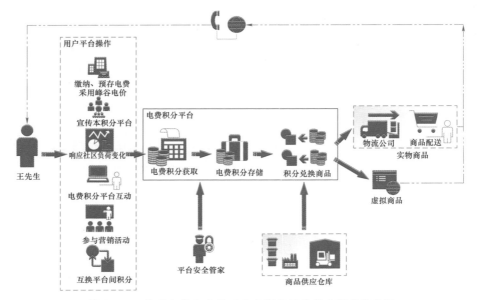

图 9-16　基于电费积分的王先生家庭用能商业模式设计图

9.6.2　案例二：南方某三代居民用户

本节针对中国南方地区某一典型家庭的用电情况进行案例阐述。该家庭主要由三代人组成：已经退休的老李夫妻，在电厂工作的小李、在高中任教的小李妻子小赵，不久前刚就业的儿子李华，并且三代人各自拥有房产，独立居住，属于三类不同的典型用户。基于价格理论的个性化用能套餐案例设计如图 9－17 所示。

	工作状态	最大用能特征	推荐套餐
	退休	用能分布零散存在季节性差异	季节性套餐（电量多）固定费用套餐（电量少）
	事业单位职员教师	用能时段规律峰谷差明显	分时电价套餐
	刚就业	谷电时间长	谷电减免套餐

图 9－17　基于价格理论的个性化用能套餐案例设计

老李夫妻退休后没有参加任何工作，平时一般闲居在家，老人的日常生活较为规律，即用能的峰谷差不明显，且老人平日使用电器也较为常规，主要有：电冰箱、电视机、洗衣机、热水器等，用能时间分布较为零散，所以出现在某一集中时间段用电量过多的情况会较少。针对该条件下的用能特点，推荐固定费用套餐 A3。同时，考虑到地域位置的特点，因为地处于长江以南，夏季高温日较多、冬季没有集中供暖，所以在季节上存在夏季和冬季用能偏多的特点，即用能存在一定的季节性差异。针对该用户的用能特点，推荐选用个性化套餐中的套餐 B。若综合考虑用户用能数量，在用电量较大的情况下，推荐使用套餐 B。除此之外，若用电金额达到赠送奖励套餐金额的下限，还可以根据需求再任意选择一种奖励套餐。

小李和妻子小赵由于自己职业的特殊性，平时大多数时间在工作岗位上，白天在家的时间较少，因此峰谷时段用电分布固定，而他们职业的休息日也较为固定，所以日用能之间存在一定的差异性。且随着智能家居的不断应用，虽然用能产品采用的大多为低能耗电器，但耗能产品的类别与数目也越来越多，导致用能量减少得并不明显。在这类情况下，推荐选用分时电价套餐 B2，鼓励他们在特定的时间内用电，同时在特定时间内的用电量超过一定额度时给予红包奖励，并额外赠送此用户的用电额度。若用电金额达到赠送奖励套餐金额的下限，还可以根据需求再任意选择一种奖励套餐。

李华作为一名毕业不久刚参加工作的青年人，他的用能特征较为明显，每天早出晚归，主要特点为时间集中，熬夜现象普遍存在，即谷电时段用能时间较长。推荐使用谷电减免套餐 B1，同样，若用电金额达到赠送奖励套餐金额的下限，还可以根据需求再任意选择一种奖励套餐。

综上所述，针对不同用能特性的人群，本章设计的套餐可以有针对性的、合理的与不同用户的用能习性进行匹配，选择最优的用电套餐。

9.6.3 案例三：某青年夫妻居民用户

本节针对某一典型三人口家庭的用能情况进行案例阐述。作为一个相对具有代表性的社区用户，李先生家庭共有三口人，李先生为公务员，妻子为高中教师，所以家庭对于国家政策的响应积极，定期参与到国有企业需求响应的建设中，属于 90 后的典型家庭。

以李先生家庭为例，李先生签署了一份关于供电需求响应协议，其中，主要内容包括：

（1）同意电网公司可以控制家庭用电负荷，提高电网运行的经济性、安全性，李先生可以提前收到短信通知，主动降低 25%用电负荷，并获取一定优惠积分——3 积分/次。

（2）在每月电力系统遭遇区域负荷过载的情况下，可进行直接中止电能供给，并给予补贴优惠 6 元/次，延迟则根据响应的持续时间情况，进一步叠加补贴 1 积分/min。

（3）合同期每个月居民用户的响应次数最大为 3 次，且每年不会超过 20 次，享受固定积分 5 积分/月。

（4）补偿与电价折扣标准参照 9.2.2 节，并且通过第三方增值服务平台，来获取进一步的增值服务。以 2020 年 6 月为例具体说明：李先生在该月份履行了基于激励的需求响应协议，在该月份李先生共接到需求响应短信 1 条，主动降低用电负荷 30%，获得积分 3 分，被终止电能供应 1 次，持续时间 2min，共计获得补贴 6 元，且获积分 2 分，在合同期内享受固定积分优惠 5 分，李先生该月份共获得积分 10 分，响应补贴 6 元。在积分管理平台的积分兑换商城，李先生可以选择积分兑换服务或者积分存储服务。

综上所述，通过开展电力需求响应激励机制，有效改变了居民固有的用电习惯，进一步达到减少或推移某时段用电负荷的效果，推动了电力系统的整体稳定性与可靠性，同时提高了电力用户的用能积极性与参与感，实现真正意义的双赢。

居民智慧用能服务系统架构如图 10-1 所示,包含居民智慧用能服务平台、能源服务商平台以及智慧用能服务微应用。

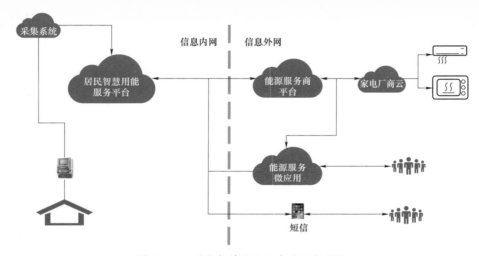

图 10-1　居民智慧用能服务系统架构图

居民智慧用能服务系统部署于电力内网,数据存储于内网数据库,内外网基于隔离装置进行信息通信,对外通过接口提供服务,对接综合能源服务商/负荷聚合商运营服务云平台及微应用。

综合能源服务商/负荷聚合商运营服务云平台部署于外网,与居民智慧用能服务通过内外网隔离通信进行业务及数据交互,综合能源服务商/负荷聚合商的使用主体主要是综合能源服务商、售电公司、物业公司、家电企业等。

智慧用能服务微应用,包括网上国网 App、微信公众号等,通过互联网和防火墙与综合能源服务商/负荷聚合商运营服务云平台进行数据交互。居民智慧用能微应用面向广大社会主体非集中式的功能服务侧应用。

10.1　居民智慧用能服务平台

居民智慧用能服务平台通过能源服务商平台、智慧用能服务微应用对外提供服务。通过源端数据定时采集更新，将用户实时运行数据信息储存于关系型数据库，通过数据迁移功能将用户实时运行数据清洗并存储于大数据平台，以数据为基础结合业务场景构建潜力评估模型、聚类分析模型、策略优化模型、响应激励模型等，并生成相应的策略及方案。随着智慧能源服务平台在各网省公司的推广普及，居民智慧用能服务平台的功能可集成至智慧能源服务平台。

10.1.1　平台架构

1. 逻辑架构

采用高频物联采集、前置中继、新型数据传输、分布式存储计算、高容量高速率同步、微服务、微应用技术，构建居民智慧用能服务系统，通过底层数据实时接入存储、业务云化部署、服务功能实时调用，为能源服务商、用户提供基于大数据的用能服务，实现平台、服务商、用户、数据的业务贯通与融合。平台逻辑架构如图 10-2 所示。

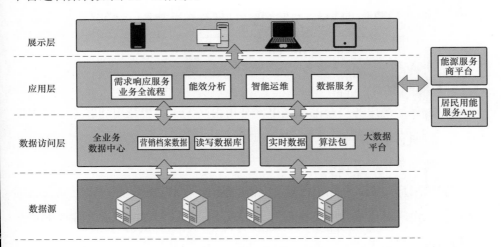

图 10-2　平台逻辑架构图

居民智慧用能服务平台在云服务架构基础上结合大数据同步、清洗、存储及计算技术，运用离线分析、在线运行等数据处理方式，针对海量用能数据进行高效的计算及处理。系统按照多层级架构设置，将采集源端、数据同步、数据存储、数据计算、数据推送、服务发布、接口调用基于不同的层级架构进行分配，实现流程间的紧密交互和快速响应。

2. 功能架构

居民智慧用能服务平台功能主要分为支撑服务、基础应用、高级应用、综合能源服务、接口服务五大功能，如图 10-3 所示。

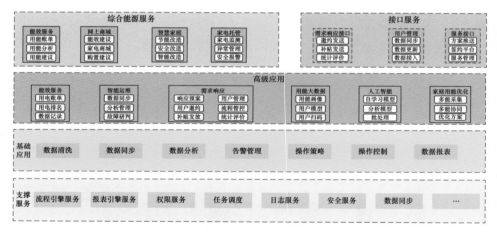

图 10-3　平台功能架构图

3. 数据架构

居民智慧能源服务平台部署在电网公司内网，居民智慧用能服务平台在接口及交互方面有如下功能。

（1）数据采集服务接口。

在居民用户层面，利用 HPLC 智能电能表宽带载波及非介入式电能表高频采集技术，实现对用户家庭用电信息、家电用能数据等数据信息的综合采集并上行传输至大数据平台，由大数据平台进行数据的加工处理，支撑省级居民智慧能源服务平台的应用实现。

（2）业务支撑及数据接口。

能源服务商平台通过接口访问服务器，客户端取得服务端的接口描述文件，解析该文件的内容，了解接口的服务信息及调用方式，用户使用手机端服务时，能源服务商平台后台服务与居民智慧能源服务平台进行接口交互，在能源服务商平台计算出结果后，反馈至用户手机端进行展示。

（3）业务数据同步接口。

在业务层结合电网公司的业务及组织架构管理体系，将业务结构化数据与外部支持服务进行结合，将数据信息与实时运行数据相结合，通过分析计算，针对综合能源服务商输出有价值的可形成对外业务支撑的数据服务。

4. 物理架构

居民智慧能源服务平台物理架构主要围绕大数据体系、云计算体系、内外网交互体系构建物理硬件架构，如图 10－4 所示。

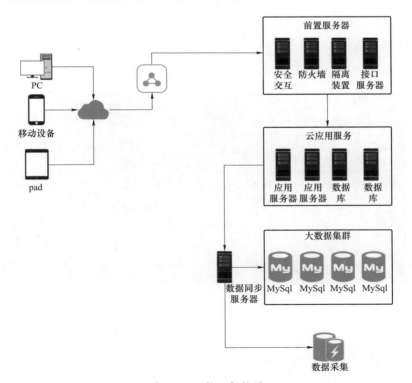

图 10－4　物 理 架 构 图

10.1.2 平台功能

1. 需求响应

居民智慧用能服务平台中需求响应模块的功能包括用户管理、方案生成、邀约发布、过程监控、补贴计算、响应评价等，如图 10-5 所示。

图 10-5　需求响应功能界面

2. 能效管理

用户能效管理界面如图 10-6 所示。

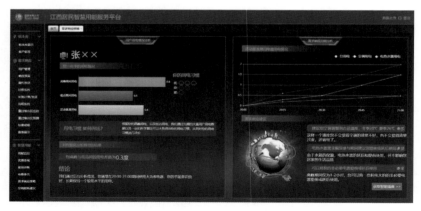

图 10-6　用户能效管理界面

（1）峰谷电价建议。对单个用户年度能耗费用进行分析，通过分析用户当前模式的电费和执行峰谷电价的年度电费，并以此为基础进行数据核算，对比用户年度用电成本分析，计算出用户用电最实惠的方案。

（2）日用电账单及排名。通过展示用户日用电账单，结合用户所在台区其他用户的用电量进行比对，在 App 上展示其在台区中能耗排名，培养用户节电意识。

（3）家电能耗监测。通过智能插座监测居民家庭用电量，并在 App 中进行展示。

（4）空调能耗等级建议。基于用户智能插座，对用户空调用能情况进行实时监测，结合空调使用时长与能耗水平推断出用户空调使用习惯，如果当前空调能耗过大，可通过 App 的一键服务功能，上门检测是否空调异常，如空调异常则可以直联网上商城，并基于用户空调使用画像推送能耗等级推荐建议，如每年空调使用时间较短，建议用户采购能耗等级低的空调，价格实惠，如用户年度使用时间较长，则分段分标准建议用户使用等级更高的空调。

3. 标本库

标本库管理模块存储居民用户调查问卷数据、用能数据等，实现居民能源消费档案类信息管理的功能。其中，问卷数据来源于居民用户信息调查表，包括城乡居民客户生活习惯、家庭人员结构、智慧用能消费、公益参与度等多维度数据。标本库管理界面如图 10-7 所示。

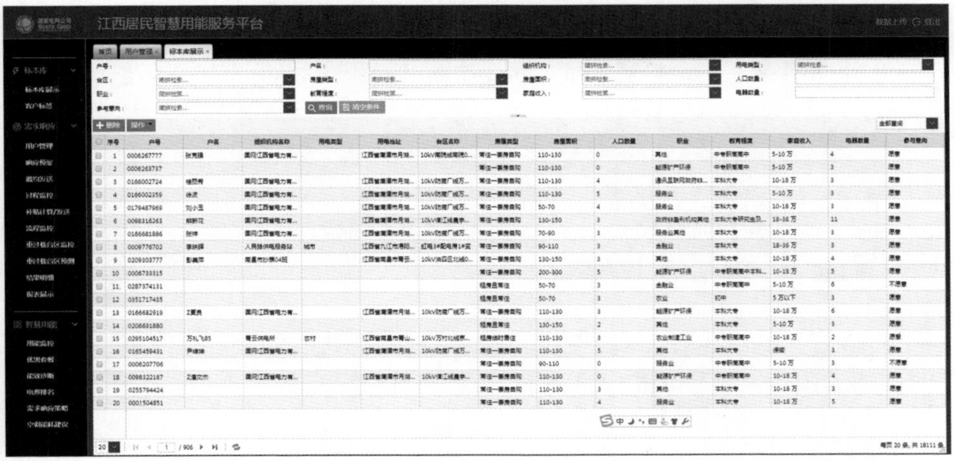

图 10-7 标本库管理界面

10.2 能源服务商平台

能源服务商平台是面向居民、家电厂商、互联网公司以及电商提供综合服务的智慧用能互动服务系统，实现居民侧多种类型的终端设备统一接入管理，提供电气设备智能调控服务，基于用能大数据分析，深度挖掘客户用能需求，为不同客户提供差异化的能源数据增值服务，利用负荷预测模型，并结合负荷聚合和快速分解技术，开展针对空调、热水器等大功率电气设备的柔性需求响应调控。

10.2.1 平台架构

1. 逻辑架构

利用互联网、物联网、云计算、大数据等技术，建设能源服务商平台，通过数据源层、网络层、数据层、应用层、展示层，规范各架构层次之间互联互通交互协议及接口的实现方案，为用户提供多种能源服务及移动应用。根据用户手机端、电脑端等发起的需求，实现双向互动的能源服务商平台组网应用、物理部署和服务提供，并在实际场景中进行应用示范验证。平台逻辑架构如图 10-8 所示。

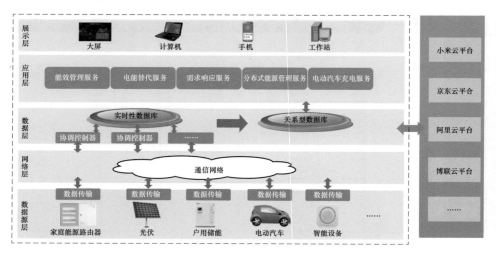

图 10-8 平台逻辑架构图

2. 技术架构

能源服务商平台建设遵循 J2EE 技术规范，采用组件化、动态化的软件技术设计。按照多层架构体系，将界面控制、业务逻辑和数据映射分离，以灵活、快速地响应业务变化。平台层次结构总体上划分为用户应用层、接入层、前置服务层、系统支撑层、数据存储层，通过各层次系统组件间服务的承载关系，实现平台功能。

（1）用户应用层。通过 object-c、Java Android SDK、HTML5 等前端研发技术，采用了 B/S 架构，支持移动终端。

（2）接入层。通过防火墙和负载均衡保障终端接入安全，防范系统受到威胁，增加系统吞吐量、加强系统数据处理能力、提高系统的灵活性和可用性。接入层负责对所有访问平台的用户进行安全认证、授权、监控和检测，只有通过了接入层认证的用户才能使用系统。

（3）前置服务层。应用缓存技术、任务调度技术、权限控制技术及 gzip 加解压技术、H2 内存数据库技术、RSA/3DES 数据加解密技术、socket 连接技术，为前置应用服务和管理功能提供支撑。

（4）系统支撑层。应用数据缓存、数据转换及治理、服务授权和调度等技术，为支撑系统提供渠道监管及服务管理支撑。平台的所有业务逻辑功能都在该层实现，为前置服务层的终端集成系统和设备集成系统提供接口，用以实现功能交互。根据具体业务需求，系统支撑层允许调用外部系统的 Web 服务，提高系统业务的扩展性。

（5）数据存储层。数据存储层用于存储业务数据资源和系统数据资源，提供系统的所有数据访问对象，如图 10－9 所示。

3. 数据架构

能源服务商平台的数据包含业务数据和平台数据。对业务数据中的用户数据、电器数据和电能表数据进行整理生成用电分析数据，再结合用户行为数据等，进行数据挖掘分析满足智能家居、智能用电等业务需求。

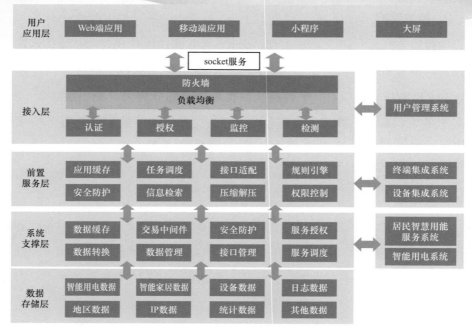

图 10-9　数据存储业务

平台数据包括：平台运行时产生的系统日志数据、系统配置数据；对业务数据挖掘后的统计分析数据；与其他平台对接产生的其他数据。数据在系统内的流向是通过设备集成系统获取基础数据，基础数据进入平台后整合处理，向用户管理、智能家居、智能用电功能模块提供数据支持，最终向终端用户提供服务。

在接口及交互协议方面，能源服务商平台与设备、客户端、能源服务商之间的接口如下：

（1）家庭数据采集接口。在家庭层面，利用 WiFi、ZigBee 等异构通信网络协议技术，实现对用户智能用电信息、智能家居数据等信息的综合采集并上行传输，实现数据共享和深度挖掘。

（2）智慧用能 App 接口。客户端通过 HTTP 协议访问服务器接口，将请求发给处理器，处理器调用相应的 COM 对象来完成特定功能，并把返回值放入 HTTP 回应消息中。

（3）能源服务商接口。采用基于 HTTP 协议的 REST 接口，通过搭建一个高效的 Web 服务器作为平台的访问入口，在 Web 服务器中进行用户请求的格式分析以及服务结果的包装处理。

4. 物理架构

能源服务商平台部署于互联网，提供智慧家庭、用户管理、终端管理、商家服务、便民物业、精准营销信息服务和设备管理等服务，全面提高居民生活智能化水平。实施部署设备见表 10-1。平台物理架构如图 10-10 所示。

表 10-1 实 施 部 署 设 备 表

编号	系统名称	内容描述
1	业务应用服务器集群	向客户端提供业务功能，实现能源服务商平台业务相关数据的查询、修改和删除操作，以及数据传递的接口实现。 向设备提供相关业务接口，实现能源服务商平台对设备进行认证、控制、查询等操作，以及设备采集数据传递的接口实现
2	数据服务器集群	承担系统数据存储与管理，是系统数据汇集与处理中心

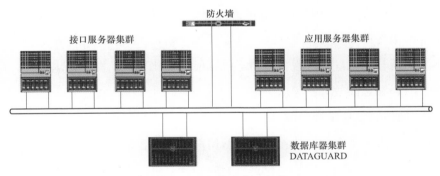

图 10-10 平台物理架构

10.2.2 平台功能

平台功能如图 10-11 所示。

1. 物联接入管理

提供多品牌、多类型设备标准化物联接入与管理，支撑地产企业、家电厂商、互联网公司、电商物联接入，共同构建智慧用能服务生态体系。

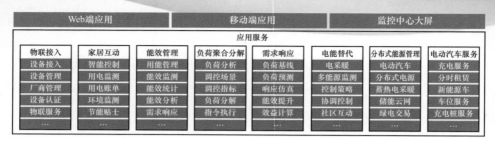

Web端应用		移动端应用		监控中心大屏			
应用服务							
物联接入	家居互动	能效管理	负荷聚合分解	需求响应	电能替代	分布式能源管理	电动汽车服务
设备接入	智能控制	用能管理	负荷分析	负荷基线	电采暖	电动汽车	充电服务
设备管理	用电监测	能效监测	调控场景	负荷预测	多能源监测	分布式电源	分时租赁
厂商管理	用电账单	能效统计	调控指标	响应仿真	控制策略	蓄热电采暖	新能源车
设备认证	环境监测	能效分析	负荷分解	能效提升	协调控制	储能云网	车位服务
物联服务	节能贴士	需求响应	指令执行	效益计算	社区互动	绿电交易	充电桩服务
……	……	……	……	……	……	……	……

图 10-11 平台功能图

2. 家居互动

通过能源服务商平台构建功能强大、高度智能化的家居系统，能够对用户用电构成进行深入分析，为用户提供更加科学合理的用电策略。通过分析居民的日常用电习惯和各个电器的耗能规律，为负荷调控和电器换新升级提供数据支撑。

3. 能效管理

应用"大云物移智链"等信息通信技术，对居民能源使用信息进行全面感知与汇聚，通过能源服务商平台将能源使用数据、环境感知数据（温度）通过无线专网/公网等通信方式上传到电力内网系统，并与内网系统进行交互。

能源服务商平台对接社区物业能源管理平台，实现居民能源及负荷的在线监测、分析与挖掘，实现设备智慧运维、能源优化控制、参与需求响应、市场信息获取、智慧能效分析等服务。

4. 负荷聚合与精准分解

能源服务商平台通过对接居民智慧用能服务平台，通过分析负荷数据，划分当前负荷调控场景，确定当前需求响应调控需求，通过系统可靠性评价分析确定调控指标分配方案，对负荷指标进行快速精准分解，并下发至地产、家电、互联网、电商等负荷聚合商。

5. 需求响应互动

通过基于不同类别用户的用电特性以及历史负荷数据，考虑天气、温度等影响因子，预测用户未来几天的负荷走势。结合气象因素、用电习惯等因素，预测用户参与需求响应的各类设备响应潜力。

6. 电能替代

通过对接多能服务用能系统实现对各类能源与控制终端设备的监测，在平台层生成电能替代建议。

7. 分布式能源管理

通过对接分布式能源服务商平台实现分布式光伏、用户侧储能等设备的接入、感知、通信、控制以及以台区为单位的"源网荷储"智能协调控制，实现分布式能源与电网之间的友好互动。

能源服务商平台对接区域能源管理平台实现对分布式能源数据进行采集和分析，实现发电量的统计和预测，支撑分布式电力交易，促进分布式新能源的就近消纳。

8. 电动汽车充电

通过对接电动汽车充电管理平台，实现电动汽车的接入、感知、通信、控制。在满足电动汽车充电需求的前提下，运用经济或技术措施引导、控制电动汽车在某些特定时段进行充电，实现电网削峰填谷，促进清洁能源消纳，降低大量电动汽车竞争充电时对配电变压器、配电网的负荷冲击影响，减缓配电网建设投资，保证电动汽车与电网的协调互动发展。

能源服务商平台通过对接电动汽车充电管理平台，对分散于市区内充电设施进行资产（设备）管理、计量计费、支付结算、统计分析、运行管理、用户管理、客户服务和集中监测，为电动汽车充电服务网络的运营管理提供支撑，实现电动汽车充电运营的智能化和规范化。

9. 生态构建与运营支撑

能源服务商平台设计一套覆盖设备接入、安全防护、需求响应、互动服务等内容的标准规范，提供互动服务的统一 SDK，打造居民智慧用能服务生态圈，实现电网公司、家电厂商、地产商、互联网企业共建共赢。开展基于智慧用能大数据的运营增值，为各厂商提供基于数据挖掘的差异化运营增值服务。

10.3　智慧用能服务微应用

10.3.1　微应用架构

智慧用能服务微应用采用 H5 架构，以安全、稳定的基础框架为支撑，可灵活扩展多种轻量化功能组件，通过微信公众号、网上国网等应用，可实现家电控制、用电查询、家庭能效分析、用电提醒等应用功能，通过整合能源服务商资源，用户还可通过智慧用能服务微应用切换查询能源服务商平台提供的各种能源服务信息，集合能源优质资源服务居民用户。

1. 逻辑架构

分布式的微服务应用内置通用的服务注册、路由、负载均衡等机制，提供智慧办电、智慧复电、家庭电气化、能效管理、需求响应、分布式用能、电动汽车、电力大数据等应用，以及微服务运行时健康和性能监控等基础运维功能，满足用户多样性的需求。逻辑架构如图 10 – 12 所示。

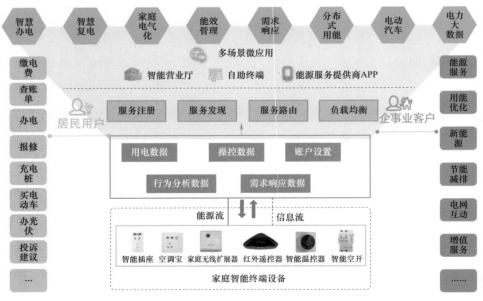

图 10 – 12　智慧用能服务微应用逻辑架构图

2. 技术架构

以居民用户为中心，通过微应用为前端展现提供业务和数据服务。通过应用集成和界面集成实现系统间的服务共享，通过数据集成实现数据共享。技术架构如图 10–13 所示，具体内容如下：

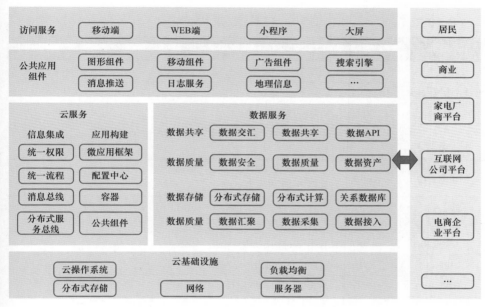

图 10–13　智慧用能微应用技术架构图

（1）云基础设施。通过云操作系统、负载均衡实现计算资源、存储资源、网络资源等基础设施的分布式调度和负载均衡，保障能源服务数据和业务服务的部署。

（2）微应用。通过分布式服务总线、统一权限和流程等公共组件以及数据资源的统一服务，实现业务应用上云，实现微应用。

（3）数据资源服务。提供对业务数据的全流程统一服务，包括数据的统一采集汇聚、存储、分析、治理、共享等服务，满足能源服务数据应用。

（4）业务服务及访问服务。聚合居民、家电厂商、互联网公司以及电商企业等业务平台应用，利用信息资讯、能源社区、产业联盟等激活居民用户和能源服务商活力，通过 Web 门户、移动应用、大屏等为用户提供全方位的能源服务。

3. 数据架构

微应用交互接口功能包括用户接口、电量接口和功率接口。

（1）用户接口。通过此接口可获取用户的相关注册信息，主要包括用户 ID、用户姓名、用户联系电话、用户编号、用电地址等，见表 10–2。

表 10–2　　　　　　　　　用 户 信 息 具 体 内 容

名称	类型	描述
UserID	String	用户 ID，由能源服务商平台自定义
UserName	String	用户姓名
UserPhoneNo	String	用户联系电话
UserNum	String	用户编号，家电厂商在为居民用户安装用电设备时，由居民用户提供给安装人员，该用户编号由电网企业统一分配
MeterNo	String	用户电能表表号，家电厂商在为居民用户安装用电设备时，由居民用户提供给安装人员
UserAddress	String	用户用电地址，例如：×省（直辖市）××地级市（市辖区）××乡镇（街道）××村（小区）××单元××（门牌号）
Longitude	Float	用户用电地址所处经度，可选
Latitude	Float	用户用电地址所处纬度，可选
StartDate	DateTime	设备启用日期，可选

（2）电量接口。通过此接口可获取指定设备 24h 用电情况、日用电情况和年用电情况。

（3）功率接口。通过此接口可获取指定设备的实时功率数据，数据采集频率每 5min 采集一次。资源明细信息具体内容见表 10–3。不同工作模式下设备额定功率如表 10–4 所示。

表 10–3　　　　　　　　　资源明细信息具体内容

名称	类型	描述
EquID	String	用电设备的 ID，由能源服务商平台自定义
EquBrand	String	设备品牌
EquModel	String	设备型号
WorkModeNum	Integer	工作模式数量

表 10-4   不同工作模式下设备额定功率

名称	类型	描述
EquRatedPower1	Float	设备制冷额定功率，单位为 W
EquRatedPower2	Float	设备制热额定功率，单位为 W
EquRatedPower3	Float	设备 "制热 + 电辅热" 额定功率，单位为 W
x-{ User-defined }	Float	支持扩展，由用户自定义

4. 物理架构

智慧用能服务微服务的服务器实行本地化部署，各智慧用能设备，通过互联网与能源服务商平台实现互联互通，最终实现智能用电、能效服务、需求响应等功能。此外，通过云端对接方式，实现与第三方服务平台、物业管理平台、能源服务商平台、电商服务平台互联，提供各种增值服务。

智慧用能服务微服务是一种可部署的软件实体，为应用与服务提供可视化部署流程，支持运行时管理操作，如部署、升级、回滚、水平伸缩、删除等，并提供相应 REST API 接口。支持应用部署与微服务编排容器中的应用可分为表 10-5 所示的三种类型。

表 10-5   支持应用部署与微服务编排容器中的应用类型

名称	应用描述	是否创建存储	是否需要外部访问
普通容器应用	以容器技术来运行构建应用的环境，无应用数据需持久化保存，无其他应用访问，无外部访问的应用	否	否
无状态容器应用	应用间互不依赖，任意一个 Web 请求完全与其他请求隔离，无应用数据需持久化保存，需外部登录访问	否	是
有状态容器应用	有数据持久化存储要求，应用间有相互依赖关系，需外部登录访问	是	是

10.3.2 微应用功能

1. 智能家居

智生活 App 智能家居模块实现用户对家庭电气设备的统一管理和控制，通

图 10-14　电器控制页面

过智能家居系统，用户可以对设备进行查询、添加、编辑、删除等操作；同时对电器进行远程控制、场景控制、定时控制及电器的日用量及月用电量查询等功能。

电器控制页面如图 10-14 所示，可以实现远程控制家电开关和查询智能电器实时状态、功率曲线和日用电信息等功能。

将多个电器根据使用场景的不同进行编组，并指定编组内每个电器的工作状态。完成编组设定后，用户可通过按键来控制多个电器的开与关，从而为用户提供简单便捷的操控方式，场景控制页面如图 10-15 所示。

通过设置定时任务，系统可在用户指定的时间将电器打开或关闭。定时任务分为周期性任务和一次性任务。周期性任务以周为循环周期。定时控制页面如图 10-16 所示。

图 10-15　场景控制页面

图 10-16　定时控制页面

2. 家庭能效

家庭能效模块为用户提供智能电器的年、月、日详细用电情况。用户可以以饼状图的形式查看年、月、日各个电器的用电占比，以柱状图和表格的形式查看全部电器或单个电器在年、月、日中的用电详情，即电量跟踪情况。电器用电量跟踪页面、电器用电量构成页面如图 10－17 和图 10－18 所示。

3. 用电提醒

用电提醒模块为用户提供电器待机提醒、异常用电提醒、系统升级、电器运行情况等信息。用电提醒页面如图 10－19 所示。

4. 能效服务

整合电能替代、新能源、电动汽车、充电桩等业务，与网上国网 App、国网商城等平台实现融通。充分发挥平台共享作用，围绕服务提升用户获得感，实现"引流"和赋能聚集效应。能源服务页面如图 10－20 所示。

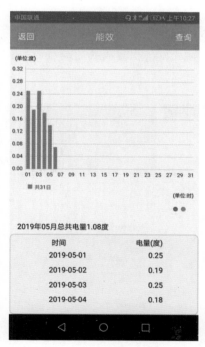

图 10－17　电器用电量跟踪页面

图 10－18　电器用电量构成页面

图 10-19 用电提醒页面

图 10-20 能源服务页面

5. 需求响应互动服务

在电网高峰时段，通过微服务应用，居民用户可接收到电网公司发出的需求响应邀约，参与需求响应互动服务。网上国网 App 需求响应互动服务页面如图 10-21 所示。

图 10-21 需求响应互动服务页面

11.1 项目概况

江西居民智慧用能服务示范以居民用户多元用能需求为导向，基于 HPLC 智能电能表采集数据，整合用户经济、人口结构、消费习惯等调查数据，构建了规模超过 1 万户的居民智慧用能服务标本库，挖掘居民智慧用能服务需求及潜力。2019～2021 年迎峰度夏、度冬期间，在江西省能源局的指导下，国网江西电力在全省 11 个社区市，通过经济刺激、行为引导、社会责任、人文激励等组合方式吸引居民客户参与，采用邀约模式开展了国内单次规模最大的居民电力需求响应试点，同时向试点客户提供用能分析、用电排名、峰谷电价建议等有偿或无偿的居民智慧用能服务，建设了规模超过百万的城乡居民客户智慧用能服务示范工程。

11.2 项目实施

1. 调查问卷设计及发布

依据爱尔兰客户行为试验数据，以及调查问卷的设计、调查结果，结合中国国情，考虑影响居民用能习惯的各类因素，梳理出居民智慧用能服务调查问卷的问题。将问卷问题与爱尔兰问卷进行比对，包括已包含的字段、未包含的字段及新增字段，确保问卷的全面性及有效性。考虑居民客户的差异性，以"通俗易懂、便于操作"为原则，修改问卷问题的提法、选项设计、题目先后顺序、问卷问题跳转衔接及关联关系等。

2. 试点客户选择

为保证居民智慧用能服务工作的典型性及代表性，综合考虑居民客户用电量、节电潜力、客户基础信息准确性以及客户经理进万家活动成效等因素，确定试点区域条件：一是供电公司直供户；二是住宅小区入住率在70%以上；三是城市、县城、乡镇、农村比例为 6:2.5:1:0.5；四是城市及县城高、中、低档小区比例为4:4:2；五是供电质量及客户满意度高；六是原则上应为整个小区或台区客户。

试点客户的选取，结合了客户用电量、用电采集系数据缺失值、95598 工单等，校核试点区域客户的准确性及有效性，经过十二轮次反复校核，最终确试点客户。

3. 校核客户手机号码准确性

为保障智慧用能服务精准推送至居民客户，国网江西电力抽取了同一手机号码关联 5 户及以上的客户信息，将抽取的信息发至各供电公司进行现场校核，同时编制了联系方式校核话术，工作人员对试点客户逐一开展电话回访，核实客户联系号码的准确性，对客户反馈不准确的信息再次发送至供电公司进行现场校核，经过多轮校核，试点客户联系方式准确性可达 80%以上（剔除无人居住、租住等因素）。

4. 设计宣传折页及海报

从市场及受众方面分析和归纳居民客户的期望，把握其心理倾向和动机，从中找出一条最佳的表达途径，完成折页及海报资料整理工作，包括内容收集、素材选择、顺序编排、明确主次等。折页及海报内容以"智、慧"为主线，以"三重大礼、智慧用能"等为重点，以绿色环保理念为切入点，吸引居民客户眼球。宣传折页如图 11－1 所示。

5. 现场督导及培训

居民需求响应实施前，国网江西电力派出专家组，不定期赴试点单位进行工作指导，组织试点单位客户经理进行培训，从背景意义、活动介绍、现场宣传注意事项等多个方面进行解读，如图 11-2 所示。

图 11-1　宣传折页

图 11-2　开展调研和培训工作

6. 现场宣传

宣传推广工作以线下"点对点"到户宣传为主，以线上媒体宣传为辅。由国网江西电力明确宣传推广的工作目标、职责分工、内容及策略。试点单位根据总体要求，结合当地特点制订本单位宣传方案，明确每个小区宣传推广时间及责任人。

（1）线下推广活动。

1）小区驻点推广。每个小区开展不少于一星期的宣传推广活动，周一～

周五下班及晚间活动高峰期推广，周末则开展全天推广。条件允许的情况下，开展入户宣传。供电公司现场宣传如图 11-3 所示。

图 11-3　供电公司现场宣传

　　2）客户微信群推广。运用业主微信群进行推广，由客户经理在微信群中发布宣传文案，并及时解答客户疑问。供电公司业主微信群宣传如图 11-4 所示。

图 11-4　供电公司业主微信群宣传

3）电话推广。由国网江西电力统一编制推广话术，客服专员对试点客户开展电话宣传为活动实施做好铺垫工作。

（2）线上媒体宣传活动。在各大知名新闻媒体网站发布宣传文稿，文稿突出"省电""赚红包""绿色环保"等字样，选择省内居民关注度高的电视节目进行宣传。线上媒体宣传主要为线下宣传造势，提高客户对居民智慧用能的认识度，同时提升客户信任度。

7. 问卷调查及标本库建立

将调查问卷部署至网上国网 App、电 e 宝 App、国网江西电力微信公众号等平台，结合网上国网、微信公众号推广计划，同步开展"居民智慧用能服务调查问卷"收集工作，采用红包激励方式引导居民客户自愿填写，填写有效调查问卷的居民客户可获得 10 元电费红包。

耗时近两年，收集调查问卷 31728 份，为确保调查问卷的有效性，组织员工对调查问卷进行 100% 电话回访，最终确定有效问卷 18000 余份，并据此建立了目前采样规模最大、覆盖样本最全、周期最长的居民智慧用能服务标本库。网上国网调查问卷如图 11-5 所示。

8. 终端调试及安装

（1）HPLC 电能表。确定 HPLC 电能表高频采集方案，开展试点台区 HPLC 电能表采集数据监测及效果评估，完成 HPLC 电能表的实验室检测及试点调试工作，对 HPLC 电能表进行批量检定，并陆续向试点单位配送表计。HPLC 电能表到货后，供电公司逐步开展 HPLC 电能表改造工作，其中鹰潭地区 50 余万户实现 HPLC 电能表全覆盖。改造后的电表具备分钟级的信息采集能力，可实现居民用电负荷、电量的实时监测，为推广实施居民智慧用能服务奠定了基础。

图 11-5　网上国网调查问卷

（2）非介入式设备。确定非介入式设备安装数据采集方案，开展非介入式设备数据采集主站功能改造，完成非介入式设备实验室调试工作，根据居民客户筛选情况，由试点单位负责非介入式设备批量应用工作。

（3）户内终端。确定户内智能插座安装数据采集方案，开展户内智能插座实验室调试工作，并将户内智能插座数据接入居民智能用能服务平台，根据客户自愿申请，结合客户用电量，开展户内智能插座批量应用工作。

9. 建设居民智慧用能服务平台

依托国网江西电力供电服务指挥平台建设江西居民智慧用能服务平台，实现居民电力需求响应、智慧缴费、峰谷电价建议、用能分析等功能。此外，在网上国网 App 中开发了居民电力需求响应（省电赚红包）交互入口，居民客户可通过短信、App 方式参与需求响应，提升了电网与客户互动的友好性。响应结束后的三个工作日内，通过电 e 宝缴费方式将奖励红包直接充入用户电费账户。

10. 居民电力需求响应实施

居民智慧用能互动模式采用信息邀约的方式开展，主要通过电话、App、短信等以下发信息的形式告知用户相关需求、用电策略和激励措施，由用户自主调节控制家庭用电设备，实现家庭与电网柔性互动。

为提升体验效果，居民需求响应期间采用总邀约和实时邀约相结合的模式开展。总邀约为至少提前一天通过短信、手机 App 或海报方式邀请用户参与居民智慧用能服务活动；回复了总邀约信息的用户在单次活动开始前将收到省电提醒短信，告知用户活动时间段。回复了总邀约的用户在活动开始前 6h 将收到活动提醒短信；未回复总邀约的用户在活动前 6h 将收到邀约信息，邀约短信回复后，后续活动无须再回复短信。

在响应执行阶段，电网公司根据日前负荷预测以及居民智慧用能服务平台的大数据分析，获取合适的用户对象进行精准的互动信息推送，通过短信、网上国网 App、电 e 宝等渠道进行推广邀约；居民用户收到邀约后，可根据家庭自身用能情况，自主选择是否响应，并进行家用电器自主调节；最终根据用电信息采集系统采集的家庭用户 96 点负荷曲线数据，以家庭为单位进行结算，并给予红包奖励，红包奖励在活动结果后 3 个工作日内通过电 e 宝缴费方式发放至用户电费账户，同时发送提醒短信。

11. 其他智慧用能服务实施

（1）智能交费：鹰潭供电公司实现居民客户水电气联合抄表、账单合并与发布、联合收费、清分结算等共 5 大功能，开发电 e 宝 App、网上国网 App "一单式"交费功能，实现水电气 "一单式" 智能交费，用户足不出户，可通过 App 实现水电气一键查询、"一单式" 智能交费。

（2）用能分析：分为无偿和有偿两种模式，无偿用能分析部署至国网江西电力微信公众号，显示居民客户日、周、月用电量及同比情况。有偿用能分析依托综合能源服务公司对安装智能插座的客户提供详细的用能服务，由客户提出申请，缴纳费用，综合能源服务公司为客户提供用能分析，分析细化至家用电器，结合天气等因素对家电的用能情况进行分钟级分析及提出用能建议。

（3）峰谷电价建议：在国网江西电力微信公众号的网上营业厅中部署峰谷电价建议模块，客户绑定用户编号后，可在模块中查询上一年度峰电量与谷电量的比例及度数，并根据全年的总电量为客户提出建议，是保持当前用电策略还是更改为峰谷电价。

（4）用电排名：在国网江西电力的微信公众号中部署用电排名模块，模块中展示近 7 日客户每日电量及区县每日平均电量、客户在区县用电量排名名次，方便客户直观了解家庭用电水平。

11.3 项 目 成 果

1. 居民需求响应

2019～2021 年，国网江西电力在迎峰度夏、冬期间共开展 19 次居民需求响应，19 次试点累计邀约居民客户 2288.5 万户次，参与节电客户 387.5 万户次，单户平均减少用电负荷 0.66kW，单户平均负荷下降率 59.5%。以 2019 年迎峰度夏期间开展的 7 次居民需求响应试点为例，从不同维度分析居民需求响应的实施效果。

（1）分区域响应情况。按城乡类别统计需求响应实施效果（见表 11-1），城市、县城地区居民客户节电效果较好，其节电响应率、户均减少用电负荷均高于乡镇、农村居民客户。其中，城市、县城地区居民客户平均节电响应率、户均减少用电负荷分别为 31.47%、0.65kW，乡镇、农村居民客户平均节电响应率、户均减少用电负荷分别为 22.81%、0.5kW。

表 11-1 城乡响应情况统计表

地域	节电响应率	单户负荷下降（kW）	下降百分比
城市	31.70%	0.67	49.46%
县城	30.80%	0.61	52.01%
乡镇	26.91%	0.55	45.11%
农村	21.34%	0.48	44.39%
合计	29.17%	0.62	49.04%

（2）电话宣传响应情况。将电话点对点宣传与其他宣传方式进行对比，得出 7 次居民需求响应试点电话宣传情况，见表 11-2，已开展电话宣传客户的节电响应率明显高于未开展电话宣传客户，分别为 37.07% 和 25.91%，"点对点"的电话宣传效果优于其他宣传方式。

表 11-2 按电话宣传情况统计

宣传类别	节电响应率	单户负荷下降（kW）	下降百分比
电话宣传	37.07%	0.71	49.25%
非电话宣传	25.91%	0.57	48.89%
合计	29.17%	0.62	49.04%

（3）分台区响应情况。以 2019 年 8 月 28 日为例分析居民需求响应实施过程中，居民需求响应实施期间，负荷下降 0～10% 的台区数占总台区的百分比为 27.96%、负荷下降 10%～20% 的台区数占总台区的百分比为 25.54%、负荷下降 20%～30% 的台区数占总台区的百分比为 11.92%、负荷下降大于 30% 的台区数占总台区的百分比为 5.73%。客户参与度越高，台区降负荷越明显。居民需求响应台区负荷下降情况如图 11－6 所示。

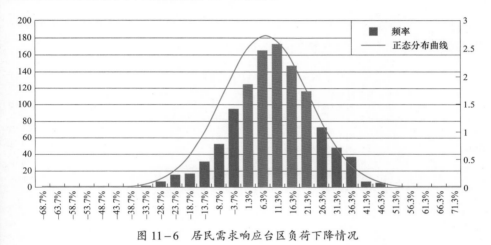

图 11－6　居民需求响应台区负荷下降情况

（4）节电客户年用电量情况。节电客户中，年用电量处于第三档、第二档、第一档的占比分别为 22.1%、42.2%、35.7%。年用电量为第二档和第三档的居民客户合计削减电网高峰负荷 2.3 万 kW，占总削减负荷的 72.6%（居民阶梯电量：第一档为年累计用电量小于 2160kWh，第二档为年累计用电量大于 2160kWh 且小于 4200kWh，第三档为年累计用电量大于 4200kWh）。2019 年 8 月 28 日需求响应按年阶梯电量统计节电客户各档位占比见表 11－3。

表 11－3　　　　　　　按年阶梯电量统计节电客户各档位占比

单位	第一档		第二档		第三档	
	占比	户均节电	占比	户均节电	占比	户均节电
总计	35.70%	0.49	42.21%	0.63	22.09%	0.89

2. 台区用能优化

以 2020 年 8 月 31 日南昌地区需求响应为例，分析台区用能优化的实施效果。当日 20:30～21:30 最低气温 31℃，相比 8 月 30 日同时段增加 1℃。受气温增加影响，8 月 31 日 20:30～21:30，南昌公司及所属县区公司公变台区平均负荷为 171.8 万 kW，较 8 月 30 日同时段增长 17.5%，而居民需求响应试点台区居民客户平均负荷较 8 月 30 日同时段增长仅为 7.42%。若需求响应前后两日条件相同，本次居民需求响应降负荷成效达到削减居民客户总负荷的 10.08%。南昌地区公变台区负荷变化情况如图 11-7 所示。

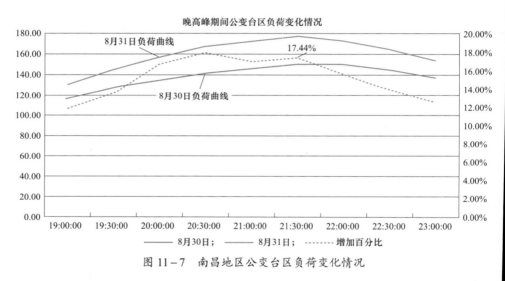

图 11-7　南昌地区公变台区负荷变化情况

当日，南昌地区夏季出现重、过载的台区数共 43 个，43 个重过载台区居民用户负荷平均下降 1.5%，与本次居民需求响应试点台区居民客户平均负荷增长 7.42% 相比，重过载台区降负荷明显。表 11-4 为 8 月 30、31 日南昌地区重、过载台区需求响应情况统计表。

表 11-4　　　　　　　重、过载台区需求响应情况统计表

地区	重、过载台区个数	8 月 30 日居民负荷（kW）	8 月 31 日居民负荷（kW）	居民平均负荷下降百分比
南昌	43	2808	2766	1.5%

3. 家庭电气化

2019 年，国网江西电力积极开拓新零售业务，联合南昌供电公司、苏宁电器组织开展"电网连万家、居民电气化"活动，实现营业收入 32 万元；联合九江供电公司开展"e 享浔阳　电爱万家"大型线上、线下活动，新增推广达人近 2000 人，新零售业务共销售 536 件，实现营业收入 232.2 万元，营业收入合计 264.2 万元。

4. 智能缴费

国网鹰潭电力完成智能水表 81056 户、气表 210 户的采集改造，"多表合一"智能抄表覆盖主城 4 个片区、36 个居民社区，实现主城区全域覆盖。多表综合采集成功率达 99.4%。成功开发电 e 宝 App 水电气"一单式"缴费功能。

5. 智慧办电

2020 年，江西客户通过网上国网、微信等平台办电的数量达 48.89 万件，其中，网上国网 48.92 万件，占比 99.87%，微信 658 件，占比 0.13%。智慧办电流程图如图 11 – 8 所示。

图 11 – 8　智慧办电流程图（一）

图 11-8 智慧办电流程图（二）

基于江西居民智慧用能服务实践，获取大规模居民高频用电数据（HPLC）、智能插座数据以及问卷调查等数据，构建居民智慧用能标本库；同时融合匹配外部温度、湿度、降水、风力等多源数据，对居民智慧用能行为特征进行数据建模与深入分析。首先，基于用户多维用电行为画像创建方法，对居民用户的用电特性进行多方位的表征和刻画；其次，基于 K-means 算法对居民用能行为进行聚类；进而，通过构建计量经济学模型识别居民用能行为的关键影响因素，剖析居民节能行为的机理以及居民节能行为的异质性；最后，以大规模居民需求响应实践数据作为负荷聚合仿真参数设置的依据，对大规模居民用户参与需求响应效果进行分析和预测，为后续我国居民侧智慧用能服务开展提供数据支撑与科学依据。

12.1　居民智慧用能行为画像

基于居民智慧用能标本库，从居民用电模式、气温敏感度、用电迎峰程度三个维度对用户的用电特征进行辨识，对每个用户给出标签集合，创建多维度的用户画像。对于数据集中的每位用户，都可按照本书介绍的居民用户用能行为画像创建流程，得到该居民用户的多维用电行为画像。本节将介绍标本库中的数据集用户的用能行为画像结果。

1. 用户画像和标签

由于标本库数据集中的用户数量较多，表 12-1 仅展示了部分用户的标签结果。

表 12-1　　　　　　　　　部分用户的多维用电行为画像结果

序号	模式类	空置/外出类	高温敏感度	寒冷敏感度	迎峰程度
1	下午高峰	极少外出	中	低	弱迎峰型
2	朝九晚五	极少外出	数据不足	数据不足	迎峰型
3	夜猫子	极少外出	数据不足	高	迎峰型
4	用电平稳	偶尔出差	高	高	迎峰型
5	朝九晚五	偶尔出差	高	中	迎峰型
6	晚间高峰	极少外出	数据不足	低	错峰型
7	—	空置	—	—	—
8	下午高峰	偶尔出差	中	高	错峰型
9	上午高峰	偶尔出差	低	低	弱迎峰型
10	下午高峰	经常外出	高	高	错峰型
11	晚间高峰	极少外出	高	中	迎峰型
12	用电平稳	极少外出	低	低	错峰型
13	朝九晚五	极少外出	高	低	迎峰型
14	用电平稳	极少外出	高	高	弱迎峰型
15	上午高峰	偶尔出差	低	低	迎峰型
16	用电平稳	长时间在外	中	低	错峰型
17	用电平稳	经常出差	高	高	迎峰型
18	用电平稳	极少外出	高	中	弱迎峰型
19	夜间高峰	极少外出	中	低	错峰型
…	…	…	…	…	…

　　图 12-1 展示了上表中用户 1、用户 2 和用户 3 的全部样本日的平均日负荷线，图 12-1（a）为辨识为"下午高峰"的用户，曲线中比对发现该用户 14:00～18:00 的用电负荷持续维持在高水平；图 12-1（b）为辨识为"朝九晚五"的用户，该用户的平均日负荷曲线在上午和下午均维持在低负荷水平，但在晨间一小段时间以及晚间有高峰；图 12-1（c）为辨识为"夜猫子"的用户，该用户的平均日负荷曲线高峰出现在整个凌晨期间，白天维持了低负荷水平。通过

将用户的日负荷曲线的形状与通过本书方法辨识得到的模式类标签进行比对，印证了本书方法进行的模式类标签辨识较为准确，能在一定程度上描述用户的负荷曲线形状。

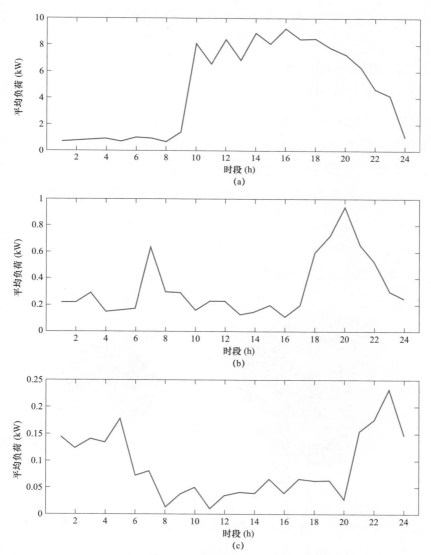

图 12-1 部分用户平均日负荷曲线与标签辨识结果对比

（a）用户 1 "下午高峰"；（b）用户 2 "朝九晚五"；（c）用户 3 "夜猫子"

通过本书的用户多维用电行为画像创建方法，可对居民用户的用电特性有多方位的表征和刻画。若对指标判断的条件体系进行进一步的细化和精确化，则可以对某个维度辨识出更多种类的标签，提高用户画像的准确性；另外，若通过调查问卷等方式对居民用户家庭进行社会调查，数据集对用户家庭的社会特征有所记录，则可以增加用户画像的维度，研究影响居民用户用电行为更多方面的影响因素。

2. 各维度标签分布统计

（1）模式类标签分布。图 12－2 为全部用户模式类各标签分布，由图中可见，标识为"用电平稳"标签的用户比例高达 51%，一方面是由于用电负荷全天分布较为均匀的居民用户数量较多，另一方面则可能有更精细化的特征是不能辨识的，在细化条件后，会分支出其他的标签。"时段高峰"标签用户总占比为 27%，包含了各个时段高峰的用户，其中"晚间高峰"组成了当中最高的 14%，符合居民负荷整体规律。"朝九晚五"标签代表稳定上班族用户家庭所占比例为 16%，而"996""夜猫子"标签用户所占比例分别为 4%、2%，具有这些较为特殊用电模式的用户是居民用户中的小部分群体。

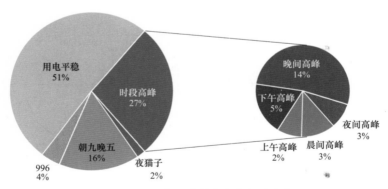

图 12－2　全部用户模式类各标签分布

对于空置/外出子类标签体系，图 12－3 展示了不同外出频率的居民用户在样本总体中的比重。其中，"极少外出"的居民用户占到了全部用户的 60%，说明大部分的用户大多数时候在家，维持了家庭用电负荷在一定水平。而"空置"标签用户则是该户电能表绝大部分时间处于极低水平，代表着房屋为无人居住生活状态，该部分房屋占全体的 10%，"偶尔出差""经常出差"标签用户所占比例分别为 14%、12%，而"长时间在外"的标签用户所占比例仅为 4%。

（2）气温敏感度标签分布。气温敏感度标签分布结果分为寒冷敏感度和高温敏感度两个方面，图中给出了在剔除空置用户及"数据不足"标签用户后的用户气温敏感度比例，从图 12−4 中可见，居民用户整

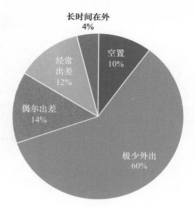

图 12−3 空置/外出子类各标签分布

体上对于高温的敏感度明显高于对于寒冷的敏感度，即高温时居民用户往往会频繁使用空调进行制冷，而寒冷时使用取暖器、空调等设备取暖的频率则相对较低。当然，标签分布结果与数据集的来源地气候环境有一定关联。

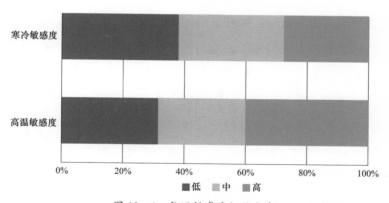

图 12−4 气温敏感度标签分布

（3）迎峰程度标签分布。对于迎峰程度标签体系，图 12−5 中展示了各用电迎峰程度的标签用户在全部样本用户中所占的比例，由图中可见，"迎峰用电"标签用户占比达 39%，居民用电总体负荷曲线高峰往往出现在晚间，与较多家庭的用电习惯相符合，这部分用户即被辨识为"迎峰用电"，占较高比例。

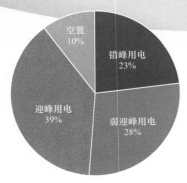

图 12-5 迎峰程度标签分布

12.2 居民用能行为模式划分

居民电力消费行为特征画像与模式识别是居民侧智慧用能服务的基础，对开展电气化推广与需求响应潜力挖掘等智慧用能服务有着至关重要的作用。而居民电力消费大规模数据与多维特征的涌现，成为居民电力消费异质性模式识别的难点。基于江西省大规模居民电力消费数据，采用电力负荷特征分解技术构建特征工程，通过因子分析对所构建的多维特征进行融合，并采用聚类算法对居民电力消费模式进行识别，分别得到上班族、夜猫子、空置房等五种典型居民电力消费模式。将不同家庭用户按用能模式设置成不同标签，有助于电网公司制定可复制、可推广的家庭智慧用能服务个性化方案，拓展用能服务的深度和广度。

1. 数据预处理

由 HPLC 智能电能表采集的 96 点数据格式为每 15min 存储一条记录，包括用户的用户编号、数据采集时刻以及该时刻用户的瞬时功率。一天中按照顺序排列得到的负荷曲线反映了用户在一日内时间尺度中的变化规律，居民用能数据聚类应用可在该类型数据的支持下进行。

为了便于分析和处理，要对数据的存储结构进行变动，对于某个用户，将其一天 96 点的数据按时间序列存储为一行向量。受信号干扰、设备故障等异常情况的影响，原始数据集中存在一些缺失值，为了正常使用存在少许缺失值的负荷曲线序列，采用均值填补法进行线性缺失值填补，缺失值取为前一个数据点与后一个数据点的平均值。同时，数据集中不同用户的用电负荷水平之间存在差异，负荷水平很高的用电曲线则可能将负荷水平较低曲线中存在的用电行为特征掩盖，从而导致最终分析结果出现较大偏差，不能准确反映用户用电行为特征。因此，在数据分析处理前，对数据进行数据归一化，使得曲线形状上的特征能被更准确地辨识。将单个用户平均日负荷曲线构成矩阵，每一行为一个采样日的 96 点负荷数据，再对该矩阵按式进行极差归一化，即将每一行数据都映射到 0～1，对于每个用户的数据均得到归一化平均日负荷数据矩阵。

2. 架构分析

基于海量数据的居民电力消费行为特征分析与模式识别研究方法实现流程如图 12-6 所示。首先，对所采集的大规模居民电力消费数据进行数据预处理；其次，基于特征分析开展特征构建与遴选，针对时间序列数据构建多维特

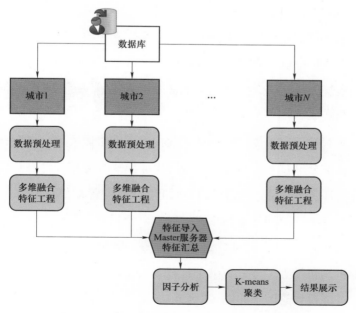

图 12-6 基于多维特征的模式识别实现流程图

征，将数据属性转换为数据特征，数据属性代表了数据的维度，在数据建模时，如果仅对原始数据的所有属性进行学习，并不能很好地找到数据的潜在趋势与特征，而通过特征工程对数据进行预处理之后，算法模型能够减少受到噪声的干扰，更好地找出趋势与结构特征；最后，对于构建出的多维特征进行因子分析，获取共同因子对居民电力消费行为进行聚类，得到居民电力消费典型特征，进而对居民电力消费模式进行识别。

3. 特征工程构建

特征工程是指通过一系列工程化的方式从原始数据中筛选出数据特征，以提升模型的训练（聚类）效果。特征工程包括特征构建、特征选择与降维环节。

考虑到进行数据插值有一定的偏差，同时由于样本数据量大，部分随机缺失数据的删除不会影响样本的总体代表性。因此，本书在数据清洗与预处理确定数据样本过程中，剔除了某些月份存在缺失值的用户，仅选择每月均有电量的用户作为聚类样本，并对数据进行标准化处理。

基于时序数据特征挖掘（python tsfresh 模块）与经验模态分解（empirical mode decomposition，EMD）构建特征工程。经验模态分解依据数据自身的时间尺度特征来进行信号分解，无须预先设定任何基函数。经验模态分解可以将复杂居民用电波形分解为有限个本征模函数（intrinsic mode function，IMF），分解出来的本征模函数包含了原始用电信号不同时间尺度的局部特征，得到具有物理意义的频率。

本节针对居民用电数据，在特征工程构建过程中，采用时序数据特征挖掘方法与经验模态分解技术，筛选出与居民用能模式高度相关并具有代表性的特征，基于居民月度用电量，构建了用电时间、年度电量均值、年度方差、偏度、峰度、用电长、中、短期趋势的频率、周期以及拐点（拐点、拐点发生与否、上升与下降判断）等 42 个特征。进而在因子分析过程中，对所筛选出的 42 个特征进行分析，包括因子方差贡献率计算、因子得分以及综合得分计算等。

最后，对所得到的因子通过（K-means）聚类算法进行聚类。模式识别过程中，将大规模数据导入模型，根据模型训练参数对用户用电模式进行判断，对每一个用户的用电模式设置标签，实现居民用电典型模式识别。

4. 江西省居民电力消费模式分析

选取部分用户作为样本，样本用户累加后的某日总负荷曲线如图 12−7 所示，将 96 点波动的折线高斯平滑处理后的平滑曲线呈现居民用电负荷的典型双驼峰形状。

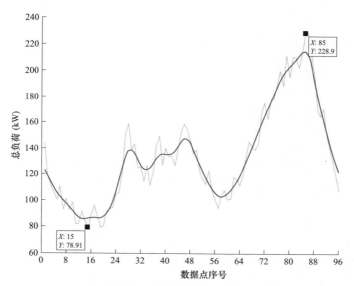

图 12−7　样本用户累加后的某日总负荷曲线

样本用户全天最高负荷出现在 21:00，共 228.9kW，每户平均负荷为 0.3802kW；最低负荷出现在 03:30，共 78.91kW，每户平均负荷为 0.1311kW，见表 12−2。

表 12−2　　　　　　　　　峰 谷 负 荷 分 析 表

峰/谷	出现时刻	总负荷（kW）	每户平均负荷（kW）
高峰	21:00	228.9	0.3802
低谷	03:30	78.91	0.1311

选取样本中高用电量用户分析其负荷情况，日用电量在前 10%的 60 户用户的全天最高负荷为 86.09kW，出现在 21:15，每户平均负荷为 1.435kW，较样

本整体高 277%，见表 12-3。

表 12-3 高用电量用户负荷情况表

前10%用户	出现时刻	总负荷（kW）	每户平均负荷（kW）
高峰	21:15	86.09	1.435

采用改进 K-means 算法，基于数据分布密度选取初始聚类中心，对样本用户进行聚类处理，得到的聚类中心曲线如图 12-8 所示。

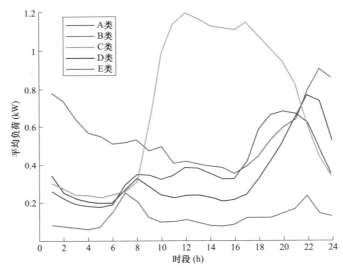

图 12-8 样本用户改进 K-means 算法聚类中心曲线

根据改进 K-means 算法所得到的聚类结果，分别对 5 个类别的聚类中心曲线规律进行分析，并从中挖掘用户可能对应的用电行为习惯和规律。

A 类：上班族+老人用户。在 8:00～9:00、12:00 左右和 19:00～21:00 有用电高峰，作息较为规律，午间家中可能有人做饭，白天均保持了平稳的负荷水平，可能为上班族家庭，且家中可能有老人或小孩居住，使得白天的负荷水平没有降落到较低水平。

B 类：作息颠倒用户。主要特征为白天的用电量水平较低而整个夜晚均维持了较高的用电水平，这反映了一些居民用户的特殊用电场景和行为习惯，例如作息颠倒、特殊工作时间等情况。

C 类：商铺用户。主要特征为白天的用电水平较高，而夜晚的用电水平则很低，其中可能包括了一些商铺用户。

D 类：上班族用户。与 A 类用户有相似之处，早晨和晚上有用电高峰，而与 A 类用户的主要差别体现在中午时段没有高峰，白天的负荷水平维持在较低水平，且晚间的高峰出现时间相对 A 类用户稍晚，可能这类家庭成员均为上班族家庭，但白天家中无人且晚上回家也稍迟。

E 类：空置用户。一天的用电量水平均较低，其中包括一些长时间空置房用户。

12.3 居民用能行为关键影响因素识别

基于江西省开展居民智慧用能服务实践与居民智慧用能服务标本库，围绕价格、温度、节能宣传等关键影响居民用能因素，对不同档次小区、用电等级、收入水平的居民用电行为影响开展实证研究。将数据挖掘算法与计量经济学分析方法相结合，主要从居民用能行为引导的角度识别关键影响因素，得到不同类型居民对各个关键影响因素与电力消费行为弹性系数。

1. 模型设定与参数估计

本书采用回归分析方法，具体的采用面板固定效应回归分析技术开展居民用能行为关键影响因素的识别。面板数据（panel data）是指不同对象在不同时间上的指标数据，目前面板数据被广泛地应用于社会、经济与环境问题的研究中。面板数据进行回归影响关系研究时，即称为面板模型。面板模型可分为三种类型，分别是固定效应模型（fixed effect model），POOL 模型（混合估计模型）和随机效应模型（random effect model）。由于固定效应模型可以通过控制不随时间而变的个体固定效应以及时间固定效应，来解决普通回归中的遗漏变量偏差（omitted variable bias）带来的内生性问题，除此之外，使用面板数据包含的信息量更大，降低了变量间共线性的可能性，增加了自由度和估计的有效性。具体的固定效应模型设定如下：

$$y_{it} = \alpha_{it} + X'_{it}\beta_{it} + \varepsilon_{it} \qquad (12-1)$$

式中：i 代表个体（$i=1, 2, 3, \cdots, N$）；t 代表时间（$t=1, 2, 3, \cdots, N$）；α_{it} 表示的是个体 i 在 t 时刻 x_{it} 对于 y_{it} 的影响。但是这个模型假定不同的个体在不同的时间都具有不同的回归系数，这使得估计的难度大大增加，因此，对上述模型做进一步的假定，假定不同个体、不同时间 x 对于 y 的影响不存在差异，但是不同个体的平均水平存在差异，即得到下面的模型

$$y_{it} = \alpha_i + X'_{it}\beta + \varepsilon_{it} \qquad (12-2)$$

式中：β 表示 x 对于 y 的影响；α_i 代表"个体固定效应"（individual effects），表示不随时间改变的因素，这些因素一般是难以衡量的，比如一个人的消费习惯、能力大小、一个企业的管理层特质、一个地区的文化氛围等；ε_{it} 表示残差项，一般假定其具有独立同分布的特性，即均值为 0，方差为 σ_ε^2。因此在这个模型中需要估计的参数，包括 α_i 和 β。一般而言，模型的估计通过前后两期的相减，将个体固定效应消除，从而转化为普通的 OLS 回归，再根据残差平方和最小来进行求解。具体求解如下。

对模型（12-2）进行一阶差分，可以得到

$$\Delta y_{i2} = \Delta x_{i2}\beta + \Delta\varepsilon_{i2} \qquad (12-3)$$

$$\cdots$$

$$\Delta y_{iT} = \Delta x_{iT}\beta + \Delta\varepsilon_{iT} \qquad (12-4)$$

采用矩阵的形式可以表示为

$$By_i = Bx_i\beta + B\varepsilon_{it} \qquad (12-5)$$

将观测值代入

$$(IN \otimes B)y = (IN \otimes B)X + (IN \otimes B)\,\varepsilon \qquad (12-6)$$

由于 β 是一致估计量，但是转化后的干扰项不满足同方差的假定，因此采用 GLS 估计方法来进行估计，GLS 方法可以修正线性模型随机项的异方差和序列相关的问题，是 OLS 估计的一种特殊的形式，最终得到了 $\hat{\beta}_{FD}$ 的估计值。容易证明，这是一个最优线性无偏估计量（best linear unbiased evaluation）的

估计量。

$$\hat{\beta}_{FD} = [XQ_B(Q_BQ_B')^{-1}Q_BX]^{-1}XQ_B(Q_BQ_B')^{-1}Q_By \qquad (12-7)$$

2. 价格、温度对居民用电行为影响参数识别

具体的，为了剔除每一户居民不随时间而变化的、居民家庭个体差异导致的用电需求响应结果的差异，本部分构建个体固定效应模型如下：

$$\mathrm{Resp}_{it} + \beta_0 + \beta_1\mathrm{Pri}_{it} + \beta_2\mathrm{Att}_{it} + \beta_3\mathrm{Temp}_{it} + \beta_4\mathrm{Base}_{it} + \varepsilon_{it} \qquad (12-8)$$

式中：Resp_{it} 表示不同场景下居民家庭用电的变化量；Pri_{it} 表示该时段用电补贴价格；Att_{it} 为居民是否参与了电价补贴活动的虚拟变量（1 表示居民参与，0 表示居民未参与）；Temp_{it} 表示温度等气象因素；β_0 为常数项；ε_{it} 为误差项。由于该模型控制了不随时间而异的个体效应，以及不随个体而异的时间效应，因此该模型仅能探讨既随着时间而异，又随着居民个体家庭而异的因素进行挖掘。

具体的模型实证结果显示，居民是否同意参与电价补贴活动、温度都会显著影响居民用电水平。具体的，参与电价激励活动的居民，其用电行为变化程度更高。平均水平而言，参与电价激励活动的居民用能变化程度相较于未参加居民家庭高十个百分点，如图 12-9 所示。

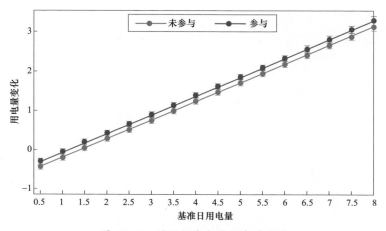

图 12-9　居民用能变化程度对比图

可以看到，日用电量在 4.5kWh 以内的用户中，参与电价激励活动的居民

响应程度显著高于未参与该活动居民，而基准日用电量在 4.5kWh 以上用户响应程度差异不显著。

同时，夏季高温时期，温度每上升 1℃，参与电价激励活动的居民响应程度将下降 5%。温度变化与响应程度拟合如图 12−10 所示。

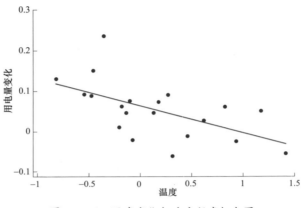

图 12−10　温度变化与响应程度拟合图

而在目前补贴价格水平下，价格变动对于短期居民用电行为引导的影响在本模型中并不显著。需要注意的是，并非居民电力消费行为对电价不敏感，而是超短期用电行为受到当前价格水平激励作用不明显，从长期来看提高激励的价格水平场景仍需进一步挖掘。

3. 节能宣传、节电意识、不同用电水平、收入水平居民用能行为影响参数识别

为了识别宣传效果、不同收入群体、不同类型小区等因居民个体而异的、但不随时间变化的因素对居民用能行为的影响，本部分构建居民用能响应小区固定效应模型，该模型可以很好地剔除因小区而异、不随时间变化的因素的影响，同时进一步识别居民个体层面不随时间变化的居民收入水平、宣传效果、小区性质对居民用能行为的影响。

结果显示，首先，节能环保意识会影响居民用能行为。具体的，我们认为电力小区的居民相对于非电力小区的居民对能源与环境有更深刻的认识，节能环保意识更强，同时也有足够的知识实现用能行为短期调节。实证研究结果发

现,电力小区(节能环保意识更高)居民家庭响应程度高出非电力小区 14 个百分点,效果仅在 0.1 水平下显著。

其次,无论是小区宣传还是电话宣传,相对于未宣传的小区,均对居民家庭用能行为产生更大的影响。而在高档小区,尽管没有电力补贴金额的刺激,高档小区相对于其他小区仍有更高的用能行为调节。同时在上一个模型中有显著影响的居民是否同意参与电价补贴活动、温度等在该模型中依然显著,说明结论的稳健性。

从图 12-11 的结果可以看到,对于一般月均用电水平 800 以内的用户而言,同意参与电价补贴活动居民响应程度显著高于未参与的居民,用户月均用电水平 800 以上的高耗能家庭用电行为上响应程度差异不显著。

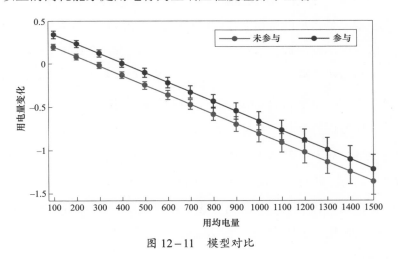

图 12-11 模型对比

12.4 居民节能行为机理分析

基于江西省居民需求响应实践,结合标本库中居民调查问卷数据,从居民个体属性角度出发,对居民家庭参与节能活动意愿与参与程度的关键影响因素进行挖掘,分析居民节能行为机理。居民接收到节能活动邀请信息后,对不同居民参与节能活动意愿以及不同节能程度进行分析,研究内外部因素对居民节能行为的作用机理并提出相关对策建议。

1. 节能活动参与意愿分析

首先，对于居民节能活动参与意愿的影响因素进行识别，结合标本库调查问卷数据，定义虚拟变量为"参与"，采用二元 logit 模型，从个体属性、家庭属性、节能环保意愿、节能习惯等角度对影响居民参与节能活动意愿的关键影响因素进行识别，进而构建模型如下：

$$\log\left(\frac{p_i}{1-p_i}\right) = \gamma_0 + \gamma_i X_i \qquad (12-9)$$

式中：p_i 是居民家庭参与节能活动的概率；X_i 为进入回归的节能活动参与意愿的关键影响因素，包含 19 个变量。

结果发现，是否是能源相关行业，是否有电动汽车、节能环保习惯，对电力行业了解程度，家电数量均对参与节能活动意愿有显著影响。具体的，能源相关行业参与邀约的概率是非能源行业 1.7 倍；有电动汽车的家庭参与邀约的概率是没有电动汽车家庭的 0.63 倍。有节能环保习惯的家庭参与活动意愿高于没有节能环保习惯的家庭；并且，节能环保习惯下降一个单位，参与邀约的概率下降 2.56%；对于电力行业了解的家庭相对于不了解的家庭参与节能活动的概率高出 1.24 倍；具有需求响应意愿的家庭参与节能活动的概率比没有需求响应意愿的家庭高 1.49 倍；家庭拥有小家电数量越多，参与节能活动概率越高，平均家电数量增加一个档次（0，1～3 台，4～6 台，7 台以上），参与邀约的概率增加 2.19%。

2. 节能活动参与程度分析

居民节能活动参与程度分析主要以居民节能活动的减少用电量为研究对象，衡量个体属性、家庭属性、节能环保意愿、节能习惯等因素对节能活动参与程度的影响。构建多元回归模型如下：

$$\text{Resp}_i = \gamma_0 + \gamma_i \text{Att}_i + \gamma_2 X_i \qquad (12-10)$$

式中：Resp_i 表示居民节能活动减少的用电量；Att_i 表示居民参与的虚拟变量；X_i 为进入回归的关键影响因素变量。

如图 12-12 所示，结果发现，参与节能活动的用户（participate），节电水平显著高于未参与该活动的用户，平均而言，参与的用户在补偿的激励下，要比未参与用户多节约 0.19kWh 电。

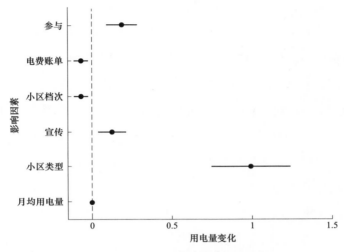

图 12−12 是否经常看电费用户比较

不经常查看电费账单（view_bill）的用户要比经常查看账单的用户，平均而言少节电 0.06kWh；小区档次（D_level）越低、节电程度越低（高档小区：1；中档小区：2；低档小区：3；乡镇：4；农村），平均而言，小区档次每下降一个单位，节电水平下降 0.07kWh。进行了宣传的小区（D_type）节电程度更高，平均而言，相对于没有宣传的小区节电增加 0.13kWh；电力小区相对于非电力小区而言平均多节电 0.25kWh。

3. 差异化价格策略总体响应效果分析

（1）价格策略效果比较。为了进一步识别需求响应不同经济补贴策略对居民用能行为的影响，本部分设计两种价格补贴方案，分别为"递增策略"和"拉新策略"。其中，递增策略首次补贴价格水平较低，后逐渐提高，在三次试点中定价为 2、5、8 元/kWh，价格逐步升高；拉新策略首次补贴价格水平较高，后逐渐降低，在三次试点中定价为 10、8、5 元/kWh，价格逐步下降。构建双重固定效应回归模型如下：

$$Save\_ele_{it} = \beta_0 + \beta_1 Pri_{it} + \beta_2 Base_{it} + \alpha_i + T_t + \varepsilon_{it} \qquad (12-11)$$

式中：$Save\_ele_{it}$ 表示居民响应的电量，即居民响应日用电量与基准日用电量的差值；Pri_{it} 表示用电补贴价格；$Base_{it}$ 作为控制变量，表示居民基准日用电量；α_i 为个体固定效应；T_t 为时间固定效应；β_0 为常数项；ε_{it} 为误差项。由于该模型同时控制了不随个体而异的时间效应和不随时间而异的个体效应，因此该模型仅能在补贴价格、基准用电量的影响参数识别中发挥作用。

结果发现，递增策略和拉新策略中补贴价格对节电量的影响均显著。具体的，平均而言，递增策略的补贴价格每增加 1 元，居民用节电量会增加 0.018kWh；拉新策略的补贴价格每减少 1 元，居民节电量会减少 0.033kWh。根据回归结果，相比之下递增策略每增 1 元补贴居民节电量水平较低，相比之下，拉新策略能够更好地对个户居民产生激励。

（2）差异化价格策略响应效果异质性分析。为了识别不同价格策略下，异质性用户节电行为，我们基于居民节电量和居民基准电量进行 K-means 聚类，将两种价格策略的相应行为各分为 3 类，得到结果如下：

1）递增策略响应效果异质性分析。如图 12-13 所示，对居民节电量进行描述，发现"0"类用户起初对响应活动有极大兴趣，初始节电量较高，但持续性差；"1"类用户属于按需响应，起初受到价格激励，但价格激励无法弥补其降低的生活品质，低价格激励时不产生响应行为；"2"类用户具有价格敏感特点，激励越高越倾向牺牲个人生活效用，在 5 元/kWh 以上的激励中其节电努力呈线性提升。

2）拉新策略效果异质性分析。如图 12-14 所示，对居民节电量进行描述，发现"0"类用户属于高价格敏感经验累积型，高价格下愿意做出更大努力，同时随着经验积累节电量会有进一步提升，但在补贴价格进一步减少的情况下，节电量出现大幅下降；"1"类用户属于价格敏感型，价格下降到 5 元/kWh 时出现报复性消费；"2"类用户基准用电量相对较低，其节电量在 0.1 浮动，当补贴下降到 5 元/kWh 时，用户不会做出进一步响应。

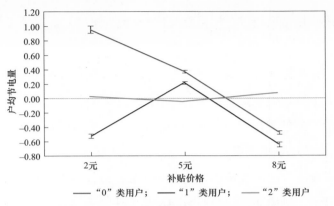

图 12-13　3 类用户递增策略响应效果比较

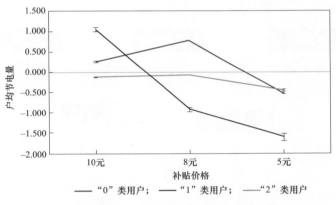

图 12-14　3 类用户拉新策略响应效果比较

4. 差异化信息策略响应效果分析

为了识别使用不同语言组织形式，传达出不同信息重点的短信信息策略对于居民短信回复情况、实际节电情况等需求响应的影响，基于江西省居民节能服务实践，在同一时间向居住在同一小区的五批不同用户发送五种不同的提醒短信，分别采用如下信息策略：

第 1 批用户短信采用"道德劝说"短信模板，只强调用户对于社会绿色公益的贡献；

第 2 批用户短信采用"金钱激励"短信模板，只强调"电费红包"的金钱奖励模式；

第 3 批用户短信采用"金钱激励+道德劝说"短信模板，结合第 1、2 批次的短信内容；

第 4 批用户短信采用"金钱激励+同辈效应"短信模板，同时提供用户上月电量与小区上月均电量信息；

第 5 批用户短信采用"金钱激励+心理账户"短信模板，强调"现金红包补贴"，可以直接用于抵扣电费。

对于这五批用户的回复情况、节电量等数据进行可视化展现，如图 12-15 所示。结果显示，道德劝说、金钱激励及与金钱激励结合的混合策略对于用户的节电积极性、节电量的影响存在显著差异。

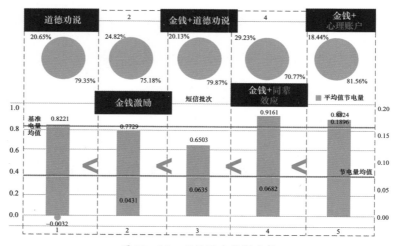

图 12-15 五批用户数据分析

具体的，缺少金钱激励，用户响应积极性不高（见组 1）；只有金钱激励，不能够完全激发用户响应潜力，用户响应效果仍有较大提升空间（见组 2）。平均水平而言，采用"金钱激励"短信模板的用户回复率相比采用"道德劝说"短信模板的用户回复率提高了约 4 个百分点，采用"金钱激励"短信模板的用户平均节电量相比采用"道德劝说"短信模板的用户平均节电量提高了 0.046kWh。

需求响应回复率最高的是"金钱激励+同辈效应"短信模板（见组 4），相比仅采用"金钱激励"策略的用户短信回复率有 4 个百分点的提升；节电量最高的"金钱激励+心理账户"短信模板，相比仅采用"金钱激励"策略的用户平均节电量有 0.1465kWh 的提升空间。

总体上从回复率来看，提供用户上月电量与小区上月均电量信息会激发用户响应的强烈愿望，同时产生很高响应行为；

从响应量来看，如果进一步明确金钱与电费的直接关系，可以帮助用户将补贴放入"电费支出"这一心理账户中，明确"获益"的心理运算结果，会最大程度激发节电行为。会最大程度激发节电行为。信息内容中强调金钱激励的同时，强调绿色发展，会提高节电响应量，但同时会降低短信回复率。

12.5　需求响应异质性效果判断

基于江西省迎峰度夏与迎峰度冬大规模需求响应实践，采集家庭客户每 15 分钟 HPLC 智能电能表数据，结合居民智慧用能服务标本库数据，对参与邀约用户响应效果进行科学评估，分别衡量用户对"金钱"补偿刺激的响应以及邀约"信息"刺激的响应效果及作用机理。采用双重差分模型（Difference in difference），基于反事实的研究框架，评估本次需求响应发生和不发生两种情况下，不同类型居民用电量响应情况。主要剔除了如果金钱刺激的用户没有受到刺激的行为结果（反事实）的影响，以得到需求响应金钱冲击的实际效果。

12.5.1　基于金钱激励的不同居民群体响应效果异质性分析

1. 需求响应基本效果识别

为了识别金钱激励对参与邀约用户响应效果，本书构建模型如下：

$$\text{E\_usage}_{it} = \gamma_0 + \gamma_1(T_i \times \text{Att}_t) + \gamma_3 T_i + \gamma_4 \text{Att}_t + \varepsilon_{it} \qquad (12-12)$$

式中：T_i 为分组虚拟变量（处理组 =1，控制组 =0）；Att_t 为参与邀约虚拟变量（参与邀约 =1，未参与邀约 =0）；交互项 $T_i \times \text{Att}_t$ 表示处理组在参与邀约后的效应，其系数即为双重差分模型重点考察的处理效应。

结果发现，在基准模型中，是否参与邀约对于用户响应行为具有显著影响。为了进一步控制样本的可比性，我们在模型中加入固定效应，我们分别聚类到城市层面、城乡层面、不同档次小区三个层面，将不同用户的效果控制在不同的可比较的层面上。构建效果评估扩展模型如下：

$$E\_usage_{it} = \gamma_0 + \gamma_1(T_i \times Att_t) + \gamma_3 T_i + \gamma_4 Att_t + \gamma_5 X_{it} + \mu_i + \varepsilon_{it} \quad (12-13)$$

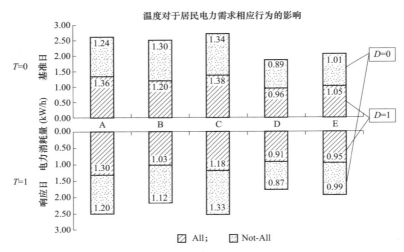

图 12-16　受到金钱激励与没有金钱激励的比较

该模型加入城市/城乡/小区档次固定效应（μ_i），以及其他控制变量（X_{it}）（包括月均用电量 M-ave、是否电话宣传 T-Prop）的双重差分模型设定的一般形式。

结果显示，将固定效应控制在小区档次层面，也就是认为同档次的小区内部参与与没参与邀约用户是可比的，在剔除参与邀约用户自然用电情况下，结果仍然显著，即参与邀约在用电行为上有显著下降，相对于没有参与邀约的用户平均用电相对基准日减少 0.5kWh 左右。

进一步我们加入月均用电量 M-ave、是否电话宣传 T-Prop 作为控制变量，结果仍然稳健，说明价格补偿能够有效促进居民在响应日减少用电。

2. 需求响应机理及效果异质性分析

为了进一步判断用户响应效果实现机理，本部分对是否通过宣传、是否通过参与意愿强的电力小区、是否通过节电潜力比较大的城中小区用户的贡献，间接导致响应效果的存在。在此，构建影响机制识别模型，对不同用户群体响应效果异质性进行分析，具体模型如下：

$$E\_usage_{it} = \gamma_0 + \gamma_1(Att \times T \times D) + \gamma_2(D \times Att) + \gamma_3(T \times Att) + \gamma_4(T \times D) +$$
$$\gamma_5 Att_t + \gamma_6 T + \gamma_7 D + \gamma_8 X_i + \mu_i + \varepsilon_{it}$$
$$(12-14)$$

该模型主要通过交互项 $Att \times T \times D_i$（D_i 表示是否宣传，电话宣传 = 1，未电话通知 = 0）、是否为城市小区用户（城市小区用户 = 1，农村乡镇非小区用户 = 0）来识别影响机制。

（1）宣传与未宣传小区差异。具体表现在需求响应宣传方面，在参与邀约的用户中，接到电话宣传的用户响应程度更高。平均而言，参与邀约的用户中，接到电话宣传的用户比没有接到电话宣传的用户多节电 0.05kWh。

（2）高中低档次小区和农村乡镇响应效果差异。在城市用户（小区与非小区）中参与邀约的用户异质性方面，在参与邀约中，高、中、低档次小区用户相对于农村乡镇用户而言，响应程度更高。平均而言，参与邀约的用户中，城市用户比农村乡镇用户多响应 0.3kWh，如图 12-17 所示。

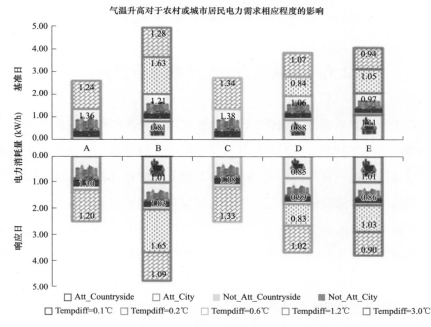

图 12-17　城市与农村居民的效果对比

12.5.2 基于信息激励的不同居民群体响应效果异质性分析

本部分通过比较没有资金补偿仅通过信息宣传、了解该活动的居民家庭与完全不知道该活动的家庭，构成信息激励用户响应效果样本集合进行分析，来衡量"仅"受到需求响应宣传信息刺激的用户（没有资金补偿），与完全没有任何信息刺激的用户在响应与基准日用电行为上是否有差别。

为了识别信息宣传对居民需求响应作用效果，构建模型如下：

$$E\_usage_{it} = \gamma_0 + \gamma_1(T_i \times Inv_t) + \gamma_2 T_i + \gamma_3 Inv_i + \gamma_4 X_{it} + \mu_i + \varepsilon_{it} \quad (12-15)$$

式中：T_i 为分组虚拟变量（响应日 = 1，基准日 = 0）；Inv_t 为是否邀约虚拟变量（收到邀约短信并未回复的 = 1，没有收到邀约短信的 = 0）；$T_i \times Inv_t$ 表示处理组在参与邀约短信后的效应，其系数即为双重差分模型重点考察的处理效应；μ_i 为小区固定效应；X_{it} 表示其他控制变量。

模型结果显示，邀约用户在仅受到短信信息刺激下并没有做出响应行为。仅收到短信刺激并没有补偿刺激的居民，和完全没有收到短信的居民在用电行为上并没有显著差异，金钱的补偿在需求响应中不可或缺。

12.6 负荷聚合及需求响应仿真分析

在需求响应异质性效果判断的基础上，实现了邀约的不同类型居民用户参与需求响应的程度判断。本节主要针对需求响应大范围推广场景下，全江西省两千万居民用户响应行为与程度进行模拟与仿真分析。首先采用居民用能行为特征刻画技术，通过数据挖掘等方法从居民用户智能电能表采集的海量用电负荷数据中提取用户的典型用电习惯特征，并在多次需求响应试点中积累了标本库居民用户参与需求响应情况和实际响应削减负荷情况。这些标本库居民用户数据可以作为负荷聚合及需求响应行为分析参数设置的基础和依据。图 12-18 为基于居民智慧用能服务标本库的负荷聚合仿真流程图。

从居民智慧用能服务标本库中提取居民负荷及其参与需求响应情况的参数特征。图 12-19 是以 12.1 节中方法对样本库中居民用户 96 点负荷曲线数据进行聚类所得结果，将居民用户聚类为用电习惯特征各异的五类 A～E，并在表 12-4 中给出了各类别用户数量占全部用户数量的比例、各类别用户需求响应历史参与率和历史响应率。

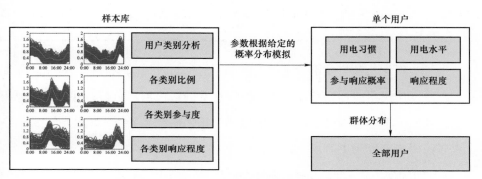

图 12-18　基于居民智慧用能服务标本库的负荷聚合仿真流程图

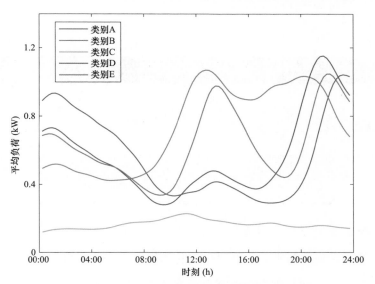

图 12-19　标本库居民用户负荷曲线聚类结果

表 12-4　　　　　　　　　标本库各类别用户参数

类别	户数比例	参与率	响应率
A	21.14%	25.54%	64.03%
B	16.92%	31.11%	32.72%

续表

类别	户数比例	参与率	响应率
C	19.20%	12.73%	37.84%
D	26.81%	27.25%	38.11%
E	15.93%	32.88%	57.43%

为了实现计及参与度不确定性的激励型居民自发需求响应行为分析，需要基于样本库居民用能行为特征，生成给定户数的居民用户负荷，并以其为分析对象，为后续进行对居民用户需求响应行为深入研究和分析提供基础。算例中设置居民用户户数为 1 万户。

各类别居民用户所占比例依据样本库中各类别占比给定，从而设置的各类别仿真用户数量如表 12−5 所示。

表 12−5 各类别仿真用户数量

类别	户数比例	设置户数
A	21.14%	2114
B	16.92%	1692
C	19.20%	1920
D	26.81%	2681
E	15.93%	1593

类别对于算例中每一户仿真用户而言，是刻画其用电习惯的重要参数。为了以简洁的方式完成仿真，本算例中简化给定：当一户的类别确定时，该户的用电负荷曲线形状则与该类别典型负荷曲线形状一致。

实际中，受到经济水平、家电数量及其功率等多方面因素的影响，同一类别、用电行为习惯相同的居民用户的用电负荷水平存在差异，为了表征出这样的区别，设置同一类别中的用户用电负荷水平服从以典型负荷曲线为中心的高斯分布。同类别用户与中心负荷曲线间的相似系数分布如图 12−20 所示，为生成的高斯分布（均值为 1）频率直方图。

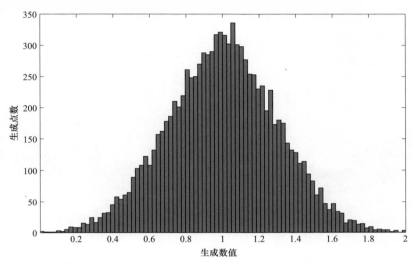

图 12-20 相似系数高斯分布频率直方图

以全体用户为对象来说,不确定性可体现为整个用户群体的 DR 参与率上,即接受调度策略,参与响应的用户数占用户总数的百分比。对单个用户来说,不确定性体现为是否响应 DR 策略,并以某类用户参与率作为该类中单个用户响应 DR 策略的概率。

对单个用户而言,是否响应 DR 邀请使用一个布尔变量标识,该标识服从二项分布。取 1 表示参与响应,取 0 则表示不参与响应,而取 1 的概率对应样本库中该类别用户的参与率。根据样本库中各类别用户的 DR 参与率生成本算例中一万户居民用户是否参与响应的参数。

响应程度表示在用户参与需求响应的前提下,参与响应的用户实际响应的负荷削减比重,这一参数的分布为:以样本库中该类别的总体响应度为均值的高斯分布。在 DR 事件的窗口时间 $[0, T]$ 内,设定参与响应用户开始响应时间 t_i^{start} 在 $\left[0, \dfrac{T}{4} \right]$ 内服从均匀分布;并认为该用户的响应行为从其开始到 DR 事件结束时刻 T 期间完全持续,且在 DR 事件窗口时间结束的 30min 内陆续恢复至与响应前相同。

根据给定参数概率分布下的居民负荷建模参数生成，得到本算例设置的一万户居民用户的负荷曲线如图 12-21 所示，各类别中用户的用电习惯特性、各类别间用户数量比例均与样本库数据保持一致，且同类别中用户的负荷水平符合正态分布。

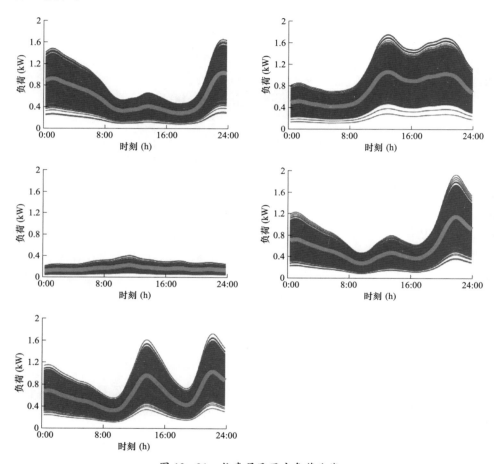

图 12-21　仿真居民用户负荷曲线

在对需求响应指令的响应特性方面，根据由样本库中参与率为事件概率生成的布尔变量表示仿真用户是否会参与下一次需求响应，图 12-22 为各类别中生成的参与和不参与下一次需求响应的用户数量。

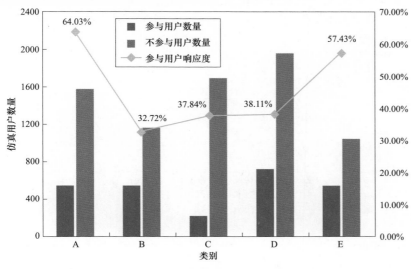

图 12-22 各类别用户参与响应情况

在不指定削减负荷的目标场景下，作为需求响应资源的全部居民用户均在邀约范围内，并根据参与和响应行为的不确定性建模结果对 DR 事件做出响应，在该场景下实现的削减负荷值即为负荷聚合商或电网运营商所掌握的最大调峰资源。

针对通过居民负荷建模所生成的一万户需求响应用户对象，在 20:00～22:30 设定 DR 事件，并在不指定削减负荷目标的场景下，用户根据已按照各分布给定的参与情况和响应行为参数对该 DR 事件作出响应，从而得出本次 DR 事件的效果如图 12-23 所示。

实施需求响应前，居民用户一天的总负荷曲线呈现典型双峰形状，并在 21:45 时刻达到峰值 8458.90kW。在 DR 事件窗口期开始后，选择参与此次响应的仿真用户在 $T/4$ 时间内陆续开始削减负荷，削减负荷量的最大值同样出现在 21:45 时刻，最大削峰量为 1258.65kW，最大削峰比例为 14.9%，窗口期间削减均值为 1077kW。DR 事件窗口结束后，参与响应的用户在 30min 内陆续恢复初始用电行为，从而总体负荷曲线重新与响应前曲线重合。

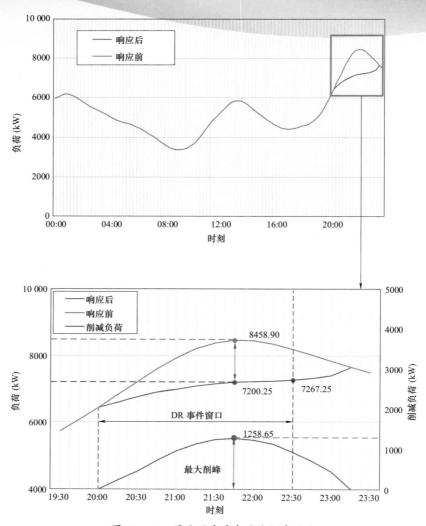

图 12-23　居民用户需求响应仿真结果

参 考 文 献

[1] 赵阳,胡诗尧,杨书强,等.售电市场环境下基于数据驱动的用户用电行为分析[J].电力需求侧管理,2020,22(04):45−50.

[2] 傅军,许鑫,罗迪,等.电力用户行为画像构建技术研究[J].电气应用,2018,37(13):18−23.

[3] 康守亚,李嘉龙,李燕珊,等.考虑峰谷分时电价策略的源荷协调多目标发电调度模型[J].电力系统保护与控制,2016,44(11):83−89.

[4] 赵会茹,王玉玮,张超,等.阶梯电价下居民峰谷分时电价测算优化模型[J].电力建设,2016,37(03):17−23.

[5] 周磊,朱明杰,张政,等.针对空调聚合负荷的作用时段差别化尖峰电价机制设计[J].电力需求侧管理,2019,21(03):11−16.

[6] 孙玲玲,高赐威,谈健,等.负荷聚合技术及其应用[J].电力系统自动化,2017,41(06):159−167.

[7] 潘樟惠,高赐威.基于需求响应的电动汽车经济调度[J].电力建设,2015,36(07):139−145.

[8] 薛金花,叶季蕾,许庆强,等.客户侧分布式储能消纳新能源的互动套餐和多元化商业模式研究[J].电网技术,2020,44(04):1310−1316.

[9] 勾新月.基于软集理论的售电套餐多目标优化方法的应用研究[D].华北电力大学,2019.

[10] Jacopo Torriti.Price-based demand side management:Assessing the impacts of time-of-use tariffs on residential electricity demand and peak shifting in Northern Italy[J].Energy,2012,44(1):576−583.

［11］Kavgic M，Mavrogianni A，Mumovic D，et al.A review of bottom-up building stock models for energy consumption in the residential sector ［J］. Building & Environment，2010，45（7）：1683－1697.

［12］Lutzenhiser S.Powerchoice residential customer response to TOU rates ［J］. 2009.

［13］Murtagh N，Nati M，Headley W R，et al.Individual energy use and feedback in an office setting：A field trial ［J］. Energy Policy，2013，62（9）：717－728.

［14］Zhang T，Siebers P O，Aickelin U.A three-dimensional model of residential energy consumer archetypes for local energy policy design in the UK ［J］. Energy Policy，2012，47（10）：102－110.

［15］Vassileva I，Wallin F，Dahlquist E.Analytical comparison between electricity consumption and behavioral characteristics of Swedish households in rented apartments ［J］. Applied Energy，2012，90（1）：182－188.

［16］Gkatzikis L，Koutsopoulos I，Salonidis T. The role of aggregators in smart grid demand response markets ［J］. IEEE Journal on Selected Areas in Communications，2013，31（7）：1247－1257.

［17］Sortomme E，El-Sharkawi M A.Optimal scheduling of vehicle-to-grid energy and ancillary services ［J］. IEEE Transactions on Smart Grid，2012，3（1）：351－359.

［18］Wang Y X，Yang H M，Wang Y，et al. Research on bidding strategy for electric water heater participating power dispatch ［C］//International Conference on Electrical Engineering Computing Science and Automatic Control.IEEE，2011：1－3.

［19］Short J A，Infield D G，Freris L L.Stabilization of grid frequency through dynamic demand control ［J］. IEEE Transactions on Power Systems，2007，22（3）：1284－1293.

后　记

　　《居民智慧用能服务关键技术与实践》是《综合能源服务关键技术系列丛书》之一。本书的编写是在国家电网有限公司坚定不移地推进能源互联网建设背景下，深入挖掘居民智慧用能服务关键技术，紧密结合江西省居民智慧用能服务实践撰写而成。

　　"碳达峰""碳中和"进程的推进加快了能源变革的速度，据估算 2030 年我国能源碳排放需要由 167 亿 t 下降到 102 亿 t，其中，节能与电能替代对碳减排贡献最大（74%），居民侧智慧用能关键技术研究与实践面临前所未有的压力与机遇。《居民智慧用能服务关键技术与实践》基于江西省开展的大规模居民智慧用能实践，得到以下基本结论与启示：

　　（1）居民智慧用能服务市场潜力巨大。开展居民智慧用能服务对于政府而言，有利于在能源供给侧推进清洁化、在能源消费侧推动电气化，同时有利于延缓和节约电力投资，显著降低全社会成本投入；对于电网企业而言，可解决部分尖峰时段电力紧缺问题和局部地区变压器过载问题，有利于提高电网安全保障水平，同时可以延伸服务内容，开展"供电＋能效服务"，打造新业态，扩大企业收入规模和利润水平；对于城镇居民客户而言，可优化用能方式，提高设备效率，降低用能成本，同时通过参与需求响应，可增加用户收入。目前，我国的居民智慧用能服务市场尚未成熟，需要政府、电网企业共同努力，才能建立一个持续发展的市场。

　　（2）政府的推动对居民智慧用能服务市场建设意义重大。为加快市场培育，政府一是要完善建立城镇居民智慧用能配套政策体系，形成规范有序的运营监管机制，各地方根据自身情况，通过减税、奖励、补贴等方式，对相关企业发展予以支持；二是要继续出台需求响应补贴扶持政策，并加大补贴范围，制定城镇居民参与需求响应的政府补贴政策，明确居民需求响应实施的资金来源，确保需求响应规模化、常态化开展；三是逐步将电网实施需求响应成本纳入输配电成本或辅助服务费用，以市场化手段解决需求响应资金来源问题，鼓励电网企业以需求响应为中心，逐步开展城镇居民智慧用能各项服务。

（3）电网企业是开展居民智慧用能服务的重要实施者。电网企业一是要积极实施"供电服务"向"供电＋能效服务"延伸拓展，全面开展城镇居民能效服务。降低客户用能成本，提升用能体验，针对客户需求提供更具经济性、智慧化的用能解决方案；二是要构建居民智慧用能服务产业生态圈。快速提升电网企业在居民智慧用能服务行业影响力，积极吸纳产业链上下游领军企业加入产业联盟，定期举办交流活动，推动试点示范项目合作，并以项目应用为驱动，打造信息共享平台、资源整合平台、价值实现平台；三是要加大投入，用于本地区的需求响应能力建设。居民需求响应可解决电网负荷高峰时段的电网调峰和变压器过载问题，有效延缓电网企业的输配电建设投资，企业可通过核算此块节约的投资资金，拿出一定比例的资金来提升本地区需求响应能力。

（4）标本库技术发展将有力推动居民智慧用能服务的发展。居民智慧用能服务标本库基于现有居民样本，通过居民用能识别标签体系及潜在客户匹配技术，不断挖掘潜在居民客户，实现对标本库居民样本数据范围的不断更新扩展。同时，通过居民智慧用能服务系统收集居民客户线上渠道行为数据，结合智能采集终端及其他外部系统，扩展居民样本数据采集维度，细化数据颗粒度。随着标本库居民样本数据的不断采集迭代，数据量迭代累加，通过大数据技术及人工智能技术，实现标本库居民样本数据特征挖掘能力的自我学习，自动化分析挖掘居民客户各维度特征信息，自我完善居民客户画像，提升画像的完整性、准确性，为后续的业务融合、场景应用及策略匹配提供有效的辅助决策支撑。

（5）居民用能行为影响因素复杂、异质性高。基于问卷数据对居民节能行为机理的分析结果来看，居民的节能参与意愿与居民所从事的行业、是否拥有电动汽车、对电力行业了解程度、拥有家电数量等密切相关；从节能活动参与程度来看，有经济补偿用户的节电水平更高，经常查看账单的用户也具有更好的节电效果；小区档次越高，节电潜力越大、效果更好；进行了环保与节能宣传的小区节电程度也更高。从基于需求响应实践的居民异质性响应效果分析来看，道德劝说的引导效果在低档小区与乡村并不显著，仅在城镇高档小区有较好的效果；城镇居民相对于乡村居民而言，对于金钱激励的响应效果也更好，两者在 1.5h 的需求响应期间内的节电量分别为 0.6kWh 和 0.3kWh；有孩子的家庭需求响应意愿不强，有老年人的家庭，由于节俭的传统美德，比其他家庭响应更多电量。从未来需求响应试点推广来看，居民需求响应潜力巨大。

（6）居民智慧用能服务开展成为深入贯彻落实"碳中和"目标的重要组成部分。需求侧能源消费作为"十四五"规划能源系统调度运行中的重要资源，对我国"碳中和"目标的达成具有重要意义。如果没有采用需求侧响应的方式，而是通过新建电厂满足尖峰负荷需求，带来巨大的资源浪费的同时带来大量的碳排放。尤其是在 2030"碳达峰"与 2060"碳中和"的背景下，源端发电侧大规模不稳定的新能源电力接入，"三弃"矛盾日益突出，给电网运营带来了巨大挑战和压力。大力发展客户侧智慧能源服务，聚合海量规模的可调节负荷资源，实现源网荷储协同互动，尤其在清洁能源大发期间拉动负荷需求，可以有效应对新能源发电随机性、波动性等难题，减少弃风、弃光、弃水，促进清洁能源消纳，进一步提升非化石能源占一次能源消费比重，充分体现生态环保价值。

同时需要指出的是，本书也存在一定的局限性。在数据融合方面，采用维度更丰富的异质性数据，进行多维特征融合的居民电力消费异质性模式识别，将会为家庭智慧用能服务个性化方案制定提供细粒度、针对性支撑。同时，本书需求响应部分的结论，仅基于江西省大规模居民需求响应实践，由于文化、经济水平、气候的差异，不同地区的地区参与率和响应效果会存在差异。为此，进一步在全国其他网省公司开展多区域、多场景下的居民智慧用能实践与智慧用能服务潜力评估，对于我国"碳达峰"判断与"碳中和"路径选择具有重要科学价值。